商店叢書⑭

商場促銷法寶

顏青林　編著

憲業企管顧問有限公司　　發行

《商場促銷法寶》

序　言

　　各種節慶日是商場促銷的最佳時機，一年節假日創造 85%的營業額。據統計，商場在節慶日的營業額一般是平日的 2～5 倍，尤其是在春節、中秋、國慶日、過年等重大節日期間，常常是消費者集中消費的最佳時間，客流和銷售額往往是平時的數倍。而開業慶祝、週年慶祝，更是各商場促銷不能少，當然要促銷旺季、換季也要促銷，更有帶動銷售、炒熱業績的助力。

　　在節日期間，商場人潮湧動，商家紛紛推出各式的促銷活動，消費者敞開錢包購物消費，收款櫃台都排著等待結帳的長龍，不少商場還在節日期間延長營業時間。

　　促銷吸引了龐大的客流，帶動了銷售額，於是節日期間各大商場賺得盆滿缽溢。

　　節慶日是促銷的最好時間，企業必須把握爭取在最短的時間內收到最大效果。不同的節假日，促銷活動重心及具體方法都不同，活動目的、方式也有很大的差別。

　　本書具體介紹商場一年 365 天各種節慶日可能的促銷活動，並

列舉出具體執行案例說明，以供讀者操作參考，可說是商場促銷法寶，不管你是屬於那種行業，閱讀後可整合各種有效的促銷工具，知己知彼、未雨綢繆，通盤打算，以奇招出其不意加以制勝。

　　本書為方便讀者參考引用，案例由三位作者廣泛收集與撰寫：李平貴（北京）、李立群（台北）、吳建成（香港），當中的節慶促銷所牽涉的金額，由於各地幣值不同，或有出入，尚請諒解；因為節慶促銷重在吸收方法與技巧，金額只是純供參考比較。

2012 年 11 月

《商場促銷法寶》

目　　錄

第一章　商場促銷的POP工具 / 8

第一節　商場促銷的 POP 廣告 ················· 8

第二節　製作有效的店頭陳列 ················· 13

第三節　商場自製 POP 製作範例 ·············· 15

第四節　商場舉辦促銷活動的推進日程表 ········ 19

第五節　家電產品商店促銷範例 ··············· 22

第二章　新店開業的促銷 / 44

第一節　開業促銷要如何進行 ················· 46

第二節　新店開業的常用促銷手段 ············· 50

第三節　開業慶典的特價促銷 ················· 58

第四節　開業折扣的促銷策略 ················· 61

第五節　開業慶典的促銷方案 ················· 65

第三章　商場週年慶的促銷 / 82

第一節　店慶促銷如何進行 ························· 83

第二節　店慶促銷常用手段 ························· 87

第三節　店慶的有獎促銷策略 ······················ 93

第四節　店慶的廣告策略 ·························· 99

第五節　店慶的促銷策劃重點 ····················· 101

第六節　店慶促銷策劃方案 ························ 108

第四章　商場春節的促銷 / 119

第一節　如何開展春節促銷 ························ 119

第二節　春節促銷的手段 ·························· 123

第三節　春節促銷的商品陳列促銷 ·················· 133

第四節　如何規劃春節促銷 ························ 136

第五節　春節促銷策劃方案 ························ 139

第五章　商場兒童節的促銷 / 146

第一節　超市兒童節娛樂促銷 ····················· 146

第二節　兒童節有獎促銷 ·························· 150

第三節　兒童節促銷方案 ·························· 153

第六章　商場教師節的促銷 / 159

第一節　教師節主要促銷手段 ····················· 159

第二節　教師節公益促銷 ·························· 162

第三節　教師節文化促銷 ·························· 163

第四節　商場的教師節促銷 ……………………………164

第五節　教師節促銷方案 ………………………………168

第七章　商場中秋節的促銷 / 174

第一節　百貨商場的中秋節促銷 ………………………174

第二節　中秋節促銷主要手段 …………………………178

第三節　中秋節的娛樂促銷 ……………………………181

第四節　中秋節促銷方案 ………………………………185

第八章　商場在國慶日的促銷 / 192

第一節　國慶日娛樂促銷 ………………………………192

第二節　國慶日其他促銷手段 …………………………194

第三節　國慶日促銷活動如何開展 ……………………196

第四節　國慶日促銷方案 ………………………………201

第九章　商場在耶誕節的促銷 / 209

第一節　耶誕節的促銷手段 ……………………………210

第二節　百貨商場的耶誕節促銷 ………………………211

第三節　百貨商場耶誕節促銷方案 ……………………215

第十章　商場在情人節的促銷 / 223

第一節　百貨商場情人節促銷 …………………………224

第二節　情人節促銷規劃重點 …………………………226

第三節　情人節促銷方案 ………………………………228

第十一章　商場在端午節的促銷 / 234

第一節　端午節促銷的重點 ················· 234
第二節　端午節促銷方案 ··················· 238

第十二章　商場在母親節的促銷 / 243

第一節　商場的母親節促銷 ················· 243
第二節　某商場母親節促銷方案 ············· 247

第十三章　商場在父親節的促銷 / 249

第一節　百貨商場的父親節促銷 ············· 250
第二節　商場父親節促銷方案 ··············· 252

第十四章　商場在重陽節的促銷 / 257

第一節　商場重陽節促銷重點 ··············· 257
第二節　重陽節促銷方案 ··················· 260

第十五章　商場在婦女節的促銷 / 265

第一節　商場的婦女節促銷重點 ············· 266
第二節　婦女節促銷方案 ··················· 268

第十六章　商場在元宵節的促銷 / 277

第一節　元宵節如何促銷 ··················· 278
第二節　商場元宵節促銷方案 ··············· 281

第十七章　商場在七夕節的促銷 / 284

第一節　商場七夕節促銷重點 ⋯⋯⋯⋯⋯⋯⋯⋯⋯ 284

第二節　商場七夕節促銷方案 ⋯⋯⋯⋯⋯⋯⋯⋯⋯ 286

第十八章　商場換季促銷 / 289

第一節　季節促銷的主要手段 ⋯⋯⋯⋯⋯⋯⋯⋯⋯ 290

第二節　季節促銷策劃案 ⋯⋯⋯⋯⋯⋯⋯⋯⋯⋯⋯ 292

第十九章　針對會員的主題促銷 / 296

第一節　如何開展會員主題促銷 ⋯⋯⋯⋯⋯⋯⋯⋯ 296

第二節　會員週年促銷方案 ⋯⋯⋯⋯⋯⋯⋯⋯⋯⋯ 299

第二十章　針對主題商品的促銷 / 302

第一節　如何組織主題商品節促銷 ⋯⋯⋯⋯⋯⋯⋯ 302

第二節　主題商品節的促銷方案 ⋯⋯⋯⋯⋯⋯⋯⋯ 305

第 1 章

商場促銷的 POP 工具

第一節　商場促銷的 POP 廣告

　　任何促銷活動都少不了 POP 廣告的配合，開業促銷更是如此，往往會配合大量的 POP 廣告，以加強氣氛的渲染和商品宣傳。

　　POP 廣告的概念有廣義和狹義兩種：

　　廣義的概念，指凡是在商業空間、購買場所、零售商店的週圍、內部以及在商品陳設的地方所設置的廣告物，都屬於 POP 廣告，如：商店的牌匾、店面的裝潢和櫥窗，店外懸掛的充氣廣告、條幅，商店內部的裝飾、陳設、招貼廣告、服務指示，店內發放的廣告刊物，進行的廣告表演，以及廣播、錄影電子廣告牌廣告等。

　　狹義的概念，僅指在購買場所和零售店內部設置的展銷專櫃以及在商品週圍懸掛、擺放與陳設的可以促進商品銷售的廣告媒體。

一、POP 廣告的種類

POP 廣告是超市企業開展市場營銷活動、贏得競爭優勢的利器。而且，據美國學者對 POP 廣告成本的統計，每千人成本不足 50 美分，從而使 POP 廣告的作用較之其他類型的廣告更突出。

POP 廣告在實際運用時，可以根據不同的標準對其進行分類，不同類型的 POP 廣告，其功能也不盡相同。

1. 按照 POP 廣告的體現形式來分

按照 POP 廣告的體現形式可以將其分為六類，具體如表 1-1 所示。

表 1-1　按照體現形式對 POP 的分類

POP 種類	POP 的具體形式	POP 的功能
招牌 POP	店面、布幕、旗子、條幅、電動字幕等	向顧客傳達企業識別標誌、銷售資訊
粘貼 POP	海報	反映店內商品資訊及活動資訊
懸掛 POP	懸掛在超市賣場中的氣球、吊牌、吊旗、裝飾物、包裝盒等	活躍賣場氣氛
標誌 POP	超市內的賣場引導標誌牌	向顧客傳達購物方向，商品擺放位置
包裝 POP	禮品包裝、贈品包裝等	促進商品的銷售
燈箱 POP	固定在貨架的端側或者上側的燈箱	指定商品的陳列位置和形成品牌專賣的形象

2. 按照 POP 的擺放位置來分

按照 POP 在超市中的擺放位置及其所起到的作用,可以將其分為三類,即外置 POP、店內 POP、陳列現場 POP,其各自的具體形式及功能如表 1-2 所示。

表 1-2　外置 POP、店內 POP 及陳列現場 POP 的比較

名稱	具體形式	功能
外置 POP	超市的照牌、旗子、布幕、條幅等	告知顧客:這裏有家超市;這家超市所售商品的種類;這家超市正在作促銷活動
店內 POP	賣場引導 POP、特價 POP、氣氛 POP、廠商通報、廣告版	告知顧客:某種促銷商品的陳列位置;某種商品的促銷形式及優惠幅度;傳達商品情報及廠商資訊
陳列現場 POP	展示卡、分類廣告、價目卡等	告知顧客超市某種商品的品質、使用方法和廠商資訊等;幫助顧客挑選商品;告訴顧客廣告品或推薦品的位置、尺寸及價格;告訴顧客商品的名稱、數量、價格,以便顧客做出購買決定

3. 按照 POP 廣告所起的作用來分

POP 廣告從功能上又分為兩大類:氣氛類 POP 和促銷類 POP。氣氛類 POP 主要作用是烘托賣場氣氛,構建賣場與眾不同的個性文化風格與理念;促銷類 POP 的功能主要在於通過簡潔醒目的資訊,有效地刺激顧客的購買衝動,實現交易的成功。

表 1-3 銷售 POP 廣告與裝飾 POP 廣告的比較

名稱	具體形式	功能	使用期限
銷售 POP	手製的價目卡、拍賣 POP、商品顯示卡	代替店員出售商品；幫助顧客選購商品；促進顧客的購買慾望	拍賣期間或特價日，多為短期使用
裝飾 POP	形象 POP、消費 POP、張貼畫、懸掛小旗	製造店內氣氛	一般長期使用，具有季節性特徵

二、POP 廣告的製作

當 POP 廣告僅僅是用來促進銷售的時候，多數是由超市經營者自己來操作的，所以一般都較為簡單。手繪 POP 廣告的製作原則是：容易引人注目，便於閱讀，明確解釋廣告訴求點，有創意，有美感。手繪 POP 廣告的說明文字一般在 15～30 字比較適中，文字內容必須能清楚地表明促銷品的具體特徵，對消費者的效用價值在那裏，介紹商品的使用方法。

如果 POP 廣告是用來對產品及企業形象進行宣傳，並由此來促進銷售的時候，一般會聘請專業設計人員或委託專業的廣告公司來完成。所以，這類廣告的質量一般都相當精美，對商品及企業本身也具有相當的針對性，且大批量生產，並投入與產品銷售有關的所有環節，進行大範圍、大規模促銷活動。

在國外的零售企業中，POP 完全通過專業的軟體產品由電腦實現。方便快速、成本低廉的機打製作方式，使 POP 滿足現代化的超市

營銷需要成為可能。由於機打 POP 可以克服手繪 POP 的種種弊端,並且形式規範,在輸出具有豐富色彩和圖形的 POP 方面具有更加明顯的優勢,特別適合中大型超市業的需要。在歐美等零售業發達的國家,機打 POP 已經成為零售行業的標準規範。

POP 廣告紙張色彩的使用要恰到好處,突出季節感,如春天可以使用粉色調,夏天可以使用藍、綠色調,秋天可以使用橙、黃色調,冬天則可以使用紅色調。

POP 廣告中應該重點突出文字部份的內容,避免底色花哨而影響文字內容,產生喧賓奪主的不良效果。

POP 廣告的措辭風格應該直接反映商品特性、用途、面對的消費者群體特點,例如兒童玩具類的 POP 廣告應該體現活潑可愛。

三、POP 廣告的設置與擺放

POP 廣告的擺放是否具備科學性,直接影響到使用效果,因此,在 POP 廣告設置過程中需要注意以下幾方面的問題:

1. 設置高度要合適

如果 POP 廣告採取的是懸掛式,則懸掛的高度既要避免因距離商品太遠而影響促銷效果,又要防止遮擋消費者的視線;如果 POP 廣告採取的是張貼式,則張貼的高度要距離地面 70～160 釐米的高度範圍內比較合適。

2. 設置數量要適中

POP 廣告並非越多越好。數量過多的 POP 廣告會讓人產生厚重感、壓抑感,遮擋通道內的消費者視線,影響購物心情,產生適得其反的效果。

3. 設置時間要與促銷活動時間保持一致

過期的 POP 廣告要及時清理掉，以免給消費者造成消費誤導，為商家帶來信譽損失。

4. 擺放位置要合理

如果要把 POP 廣告放在櫥窗或者貨架上，要避免遮住商品；如果把 POP 廣告直接貼在商品上時，要注意 POP 廣告的尺寸不能比商品本身還大，一般應該粘貼在商品的右下角。

5. 保持清潔整齊

POP 廣告在使用過程中需要保持清潔整齊，如果有撕毀現象，應及時補救或更換。

◀))) 第二節　製作有效的店頭陳列

一、對店頭商品的陳列下功夫

1. 將欲銷售的商品陳列在醒目處

目前銷售旺季的商品或廣告中的商品，必需陳列在顯著而令人一目了然的地方。

2. 將銷售重點商品與一般商品區別出來

將欲推銷的商品，貼上標籤、價格標示卡、其他的特殊指示物或將欲推銷的商品另做特殊的陳列台，讓顧客進門的時候能迅速地看見。

3. 設置新產品專櫃

將本店最新引進的新商品，或改良的新產品陳列在新產品專櫃內，長久持續下去，當新產品放置在專櫃內即可獲得相當滿意的效果。

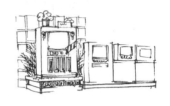

二、如何製造出熱鬧的販賣氣氛

1. 將銷售標語連接張貼於櫥窗

將正在銷售的商品廣告宣傳標語，連接張貼於店面櫥窗或其他醒目之處，可製造店頭上熱鬧的銷售氣氛。

2. 將商品海報連接張貼

將商品海報連接張貼於店面櫥窗或其他醒目的地方，也可以製造出店頭上熱鬧的販賣氣氛。

3. 製造神秘的銷售氣氛

用木板或甘蔗板冊店面的正面圍釘起來，保留一個可讓顧客出入的門，在板子上貼滿標語或海報，可製造出神秘的販賣氣氛，誘發顧客探險掘寶的好奇心理，達到銷售的目的。

4. 懸掛橫、直招旗，製造氣氛

為了讓遠處的人也能看見，橫招旗應以店面寬度為準，直招旗長度至少要超過 2 層樓的高度，才能引起顧客的好奇心理。

5. 以氣球或其他小道具來製造店頭販賣氣氛

利用設計過的廣告氣球或其他廣告小道具來佈置店頭，並利用音樂或錄音來增加店頭販賣氣氛。

6. 海報張貼豎立於附近人行道

可將大廉價的海報張貼在商店前及附近的人行道旁，一方面可從事宣傳，另一方面可指引顧客上門，達成販賣的目的。

◀))) 第三節　商場自製 POP 製作範例

店頭自製助成物(POP)的種類很多，包括 POP、Display、宣傳單、DM、價格標籤、海報等。

自製助成物(POP)，如能針對促銷主題，以形狀、材料、顏色及文字的變化，做出具吸引力又有趣味性及說服力的實物，懸掛或張貼於店頭，定能發揮意想不到的促銷效果。

下面針對幾項較常使用，製作方法簡單的助成物，將其要點、基本型式及做法，以簡單的範例提供各位參考，希望各位能夠靈活運用，促銷時能收立竿見影的效果。

一、POP 製作範例

製作要點

①色彩要豐富突出。

②形狀力求變化。

③材料應新穎、便宜。

④文字造型構想要新。

二、Display 製作範例

製作要點

①要能增加店內熱鬧的氣氛。

②顏色要與商品相互襯托。

③要能一目了然。

④要新奇、有趣。

⑤材料力求新奇、價廉。

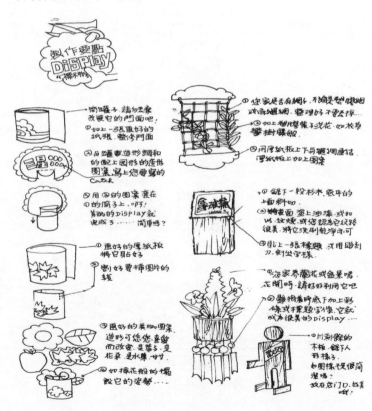

三、價格標籤製作範例

製作要點

①價格標明要明顯醒目。

②要有比較價格。

③配合商品放置。

④開關要有創意。

📣)) 第四節　商場舉辦促銷活動的推進日程表

　　要有詳密週全的計劃，使促銷活動自始至終都在掌握之中。加強顧客資料管理，更有效、更準確地招徠顧客。早日做好商圈整頓，瞭解顧客、拉攏顧客，才能配合促銷活動，進行訪問販賣，提高成交率。

　　加強推銷話術，並力求統一化且力求變化、新穎，樹立獨特風格。自製海報、POP、製造熱鬧的販賣氣氛，以增加對顧客的吸引力。

1. 生產廠商與商場合辦促銷活動

表 1-4　生產廠商與商場合辦促銷活動實施進程

時間	實施專案	參與人員	實施要點
1 個月前	第一次籌備會	聯誼營幹部公司業務代表	1. 確定活動名稱、方式、期間 2. 預估費用預算及要求公司配合事項 3. 由轄區營業課製成初步計劃，報回總公司 4. 初步計劃轉達聯誼舍舍員
20 天前	第二次籌備會	參加活動全體會員促進課人員公司業務代表	1. 修正第一次籌備會計劃促進課報告公司可支持的程度確認廣告宣傳方式及助成物設定活動目標

續表

20 天前	第二次籌備會	參加活動全體會員促進課人員公司業務代表	5. 推選活動委員，分別負責督促工作要點的實施 6. 預估參加經銷商海家分攤的費用，決定預繳金額
18 天前	繳交分攤費用預繳款	轄區業務員	
10 天前	第三次籌備會	活動委員公司業務代表	確認各種廣告稿件、媒體 決定助成物 分配工作
5 天前	分發各種助成物至各店		
3 天前	召開店內員工會議	各參加店的員工	說明活動內容 分配目標 統一話術 精神武裝
2 天前	店面總整理	店內員工轄區業務員	清點庫存，充分進貨 陳列商品，重新整理 標價卡全部換新
當天	活動開始	店內員工轄區業務員	張貼懸掛各種助成物 加強來客應接 銷售情形記錄
活動結束	成果檢討會	參加活動全體會員公司營業人員	1. 公佈成果 2. 結算費用，多退少補 檢討得失，做下次活動參考

2. 由商場自辦的促銷活動

表 1-5　商場自辦的促銷活動實施進程

時間	實施專案	實施要點	參與人員
30 天前	初步籌劃	確定活動名稱、方式、期間 2. 編列費用預算 3. 擬定活動計劃	經銷商老闆 公司業務代表
25 天前	確認活動注意事宜	確認廣告宣傳方式及助成物 協商公司支持程度 3. 宣傳印刷助成物設計、完稿 設定活動目標	經銷商老闆 公司業務代表 促進課
20 天前	資料整理	宣傳印刷助成物發包製作 顧客資料總整理	經銷商老闆 店內員工
10 天前		確認各種廣告稿件、媒體	
5 天前	精神武裝開始	宣傳、助成物印製完畢、交貨 寄發 DM 召開店內員工會議 ①說明活動內容 ②分配個別目標	經銷商老闆 店內員工 公司業務代表
2 天前	店商總整理	清點庫存、充分進貨 陳列商品、重新佈置 標價卡全部換新	經銷商老闆 店內員工 公司業務代表督導
1 天前	展開宣傳	分發宣傳單 媒體連系再確認	經銷商老闆 店內員工 公司業務代表督導
當天	活動開始	張貼懸掛各種助成物 加強來客應接 銷售情形記錄	經銷商老闆 店內員工 公司業務代表督導
活動結束	成果檢討會	公佈成果 結算費用 檢討得失	經銷商老闆 店內員工 公司業務代表督導

◀))) 第五節　家電產品商店促銷範例

一、週年紀念

1. 對象：一般人

· 以週年紀念為名義，募集「特別服務」會員，宣傳單附加會員
　入會登記卡，在商圈內挨戶分發。

· 服務及收款時不要忘了附上宣傳單及會員入會登記卡。

· 強調一年一度店慶及特別服務計劃。

2. 標語範例

· 週年紀念，銘謝愛顧大贈送。

· 擴大營業，加強服務，特別贈送。

· 重新開幕，盼舊雨新知繼續愛顧。

3. 如何招徠顧客

· 週年紀念日來訪的顧客，備有精美禮
　物×份奉贈。

· 「特別服務會員」受理加入中。

· 電視遊樂器競賽大會，歡迎全家出動。

4. 店面佈置

· 重新裝修，佈置店面，使店容煥然一新，提高店格。

· 配合季節將 POP 適當地懸掛。

· 創造本店獨特的風格。

· 彩紋紙、萬國旗交叉店內，增加慶祝氣氛。

5. 贈品

· 來店紀念品：鑰匙鏈、精美手巾

· 成交紀念品：精美瓷器筆筒、精美洋傘、高品質煙灰缸

6. 廣告助成物

· 海報、宣傳單、會員登記卡

二、開市大吉，新年的見面禮

1. 對象：家長、主婦

· 新春新希望，可藉寄發賀年 DM 卡的時機，提示新春開市幾天內有優待的消息，可把握住一些過完年，口袋尚有盈餘的顧客上門。

2. 標語範例

· 除夕，20 台電冰箱七五折大特賣。

· 新年行新運，5 台彩色電視機大贈送。

· 新春大贈送，買彩視機＋電冰箱，送吉他開瓶器＋親親杯。

3. 如何招徠顧客

· 以新年的見面禮為話題，成交的顧客贈送禮物一份，×台為限，送完為止。

· 幸運顧客×名，新春九折大請客。

4. 店面佈置

· 新春 POP，懸滿天花板

- 繪製賀年海報,張貼於店頭
- 店面應打掃得一塵不染,各項商品均擦拭清潔光亮
- 贈品置於顯著的地方,並標示清楚
- 應備有甜食、糖果,招待上門客人,使生意在親切的過年氣氛下進行。

5. 贈品
- 親親杯、吉他開瓶器

6. 廣告助成物
- 海報、POP

三、年終添妝大贈送

1. 對象:計劃結婚的男女、家長
- 俗語說「娶個老婆好過年」。農曆 11 月到春節期間是段充滿喜氣的日子,宜善加把握,爭取添妝的生意。
- 結婚對象的發掘,除了您慧眼視出上門的客人外,顧客資料卡及中間介紹人也是生意的來源,可寄發 DM 告知,可透過地方報、廣播電台宣傳以及組織宣傳車隊發宣傳單。

2. 標語範例
- 喜氣洋洋大優待,產品一律七折
- 添妝、嫁妝特價大優待
- 投入愛的溫馨,祝福您

3. 如何招徠顧客

· 婚禮的祝福，贈送額外的禮物

· 精巧結婚祝福卡贈送

· 電子微波爐示範

4. 店面佈置

· 每樣商品均貼上「喜」字標籤。

· 公司印製的海報或自繪的海報張貼於醒目之處。

· 自製 POP 懸掛，製造熱鬧氣氛。

· 特別選出一明顯的角落，佈置得喜氣洋溢，並擺上贈品，用紅
  紙強調。

· 不要忘了播放結婚進行曲或其他與婚禮祝福有關的優美樂曲，
  製造喜的氣氛。

5. 贈品

· 枕巾、親親杯、床單、太空被

6. 廣告助成物

· 海報、POP、宣傳單、橫招牌、標籤、DM 卡

四、婦女節，有買就有送

1. 對象

· 可利用平常服務及收帳，查明那些家該添換新產品，屆時寄發
  DM，告知贈送消息。

· 顧客資料卡中選擇可能購買的客戶
  發送 DM 卡。

2. 標語範例

· 38 婦女節，38 台愛情洗衣機×折大
　優待。
· 慶祝婦女節，買三星電冰箱，38 套
　餐具大贈送。

3. 如何招徠顧客

· 買洗衣機贈送×磅裝洗衣粉一大包
· 買電冰箱，贈送吉他開瓶器
· 香噴噴的美味佳餚「電子微波爐」
　食譜示範中

4. 店面佈置

· 慶祝婦女節海報，張貼海報架，並置
店頭明顯處
· 贈品標示出來，並置於明顯處
· 自繪宣傳海報，貼滿櫥窗，引人注目
· 天廚示範應於門口、往來行人看得到
　的地方，引人駐足圍觀，製造高潮

5. 贈品

· 洗衣粉、衣夾、衣架、保護玉手橡皮手套、吉他開瓶器
· 天廚食譜、裝皂粉的器具

6. 廣告助成物

· 海報、贈品標明卡、天廚示範指示牌、DM 卡

五、欣賞音樂從兒童開始，音樂大減價

1. 對象：小康家庭、有兒童的家庭

· 現代的家長，對於兒童音樂知識的灌
輸，越來越重視，且頗肯為小孩破費，
故宜掌握為人父母的這種心理，推銷
音響製品。

· 寄發 DM，灌輸家長音樂的好處及告知
特賣的消息。

2. 標語範例

· 屬於兒童的新天地──收錄音機

· 送給孩子最佳禮物──APSS 收錄音機

· 教孩子聽音樂請用白馬音響

3. 如何招徠顧客

· 帶兒童來店選購音響製品，一律九折
大優待

· 兒童歌謠唱本贈送

4. 店面佈置

· 以兒童為主題來佈置店面

· 自繪「兒童漫畫」標價卡，貼於商品上

· 製作可愛的海報，張貼店頭

· 播放兒童歌謠，吸引小朋友，製造兒童歡樂的氣氛

· 自製簡單 POP 擺設

5. 贈品

· 兒童歌謠唱本、空白錄音帶、音樂帶、精美唱片、棒棒糖

6. 廣告助成物

· 海報、POP、DM 卡

六、媽媽的驚喜，子女的孝心「雙重優待」

1. 對象：母親

· 一般人於母親節都有表示慰勞母親的習慣，宜利用此時機推銷
  為母親分勞的商品。
· 可寄發 DM 卡，傳達特賣的消息。
· 利用地方報或廣播電台廣為宣傳。

2. 標語範例

· 送一份讓母親驚喜的禮物叫愛情洗
  衣機。
· 慶祝母親節，買一台電子微波爐，
  溫馨滿懷。

3. 如何招徠顧客

· 向偉大的母親致敬，推出特價洗衣
  機，為其分勞。另贈送精美禮品一
  份。
· 天廚微波爐示範。

4. 店面佈置

· 洗衣機天廚上面，擺置精製的 POP 或標價卡，以明示其為這段
  期間的販賣重點。

- 天廚示範應在行人注意得到的地方，引起圍觀，製造氣氛。
- 洗衣機 POP、宣傳報配合張貼、懸掛。
- 店頭插上康乃馨，增加母親節氣氛。
- 播放贊頌母親的歌曲。

5. 贈品
- 精美手提袋、精美小皮包、精美粉盒、有關洗衣時特殊功用品、
  天廚食譜

6. 廣告助成物
- POP、標價卡、海報、DM

七、端午節冰箱大特賣

1. 對象：主婦
- 夏天又來到，端午節大拜拜使主婦們
  又意識到冰箱的需要性。
- 向未曾購買及可能換購的客戶推銷。

2. 標語範例
- 端午節買冰箱送水壺。
- 慶祝端午節三星電冰箱七折起犧牲大
  特賣。
- 渡端午，三星電冰箱最實用。

3. 如何招徠顧客
- 端午節三星電冰箱×天、大特賣。
- 另贈應景禮品一份。

4. 店面佈置

· 海報架上張貼公司印製的海報。

· 以龍船、粽子為主題製作海報，POP 將店內佈置得確有端陽氣氛。

· 三星電冰箱經過特別化妝，以別於其他非重點販賣商品。

5. 贈品

· 香包、粽子、小龍船模型

6. 廣告助成物

· 海報、POP

八、金榜題名大贈送

1. 對象：高中生、大學生

· 七月開始，展開一連串的聯考，被壓抑多時的年輕人無不覺得被解放似的，除了向外發展，蹦跳遊玩外，欣賞音樂是現代年輕人的另一項重要消遣，可趁放榜前後大力推銷音響製品。

· 宣傳單可於考試最後一天，最後一堂後至考場分發。

2. 標語範例

· 金榜題名的最佳禮物——APSS 收錄音機。

· 暑假就開始學英語——買錄音機送

國中英語錄音帶一套。

3. 如何招徠顧客

· 暑假就開始學英語，買××牌音響送英語錄音帶。

·「何謂 APSS」猜謎，猜中送精美唱片。

4. 店面佈置

· 加強音響及錄音機部份的佈置，力求高雅不落俗套。

· 音響及錄音機應置於最容易引人注目的地方。

· 海報、POP 張貼，增添青春蓬勃的氣氛。

· 播放優美的熱門歌曲，吸引年輕人的注意。

5. 贈品

· 空白錄音帶

· 音樂帶

· 語文錄音帶

· 精美唱片

6. 廣告助成物

· 海報、POP、宣傳單

九、報答辛勞的爸爸「最敬禮物」

1. 對象：父親

· 八八父親節，正值炎夏及棒球季節，冷
氣機及電視機都是使用的顛峰期，可借
此話題來增加二者的販賣額。

2. 標語範例

· 消除爸爸的辛勞──北歐冷氣機為您效勞。

· 報答辛勞的爸爸，買彩色電視機。

3. 如何招來顧客

· 慶祝父親節，冷氣機 8 天 8 折大優待。

·慶祝父親節，黑白換彩色，每台折價 1500
元。

· 慰勞父親，招待遊覽阿里山 88 小時。

4. 店面佈置

· 宣傳海報張貼於櫥窗醒目之處。

· 加強冷氣機和彩色電視機的排列，並製
  作優美的標籤，配於此二種主要商品
  上，註明「獻給爸爸的禮物」。

· 光線明亮，照射在商品上。

5. 廣告助成物

· 海報、標籤

十、中元節大贈送

1. 對象：主婦、家長

· 農曆 7 月，俗稱鬼節，屬於銷售淡季，
  欲維持銷售額，就得製造話題，掀起
  販賣高潮。

· 區域性合辦促銷活動，較能引起廣泛
  注意以及購買風潮。

2. 標語範例

· 中元節買冷氣機一律×折大優待。

· 七月半，七天半大贈送，買冰箱送果
　汁機。

3. 如何招徠顧客

· 中元節，買冷氣，去暑氣，送冷氣套一件。

· 中元節，買彩色電視機送精美娃娃擺飾
　一件。

4. 店面佈置

· 配合三種主產品的 POP，盡量製造熱鬧
的促銷氣氛。

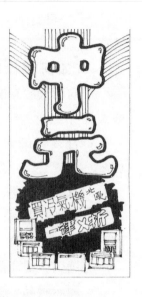

· 製作促銷 180 小時橫招旗懸於店頭。

· 海報、宣傳單張貼熱鬧，力求引人注目。

· 贈送品各自放置於產品上，並明顯標示
出來。

5. 贈品

· 餐具

· 冷氣套

· 娃娃擺飾

6. 廣告助成物

· 海報、POP、宣傳單

十一、吾愛吾師大優待

1. 對象：教師

· 教師階層也是一股購買力很強的消費
　者，可從顧客資料卡中挑出，利用時

間推銷產品。

· 可於教師節前後到學校張貼海報，宣
傳優待消息。

2. 標語範例

·「一日為師，終身為父」。報答師恩最
適宜。

3. 如何招徠顧客

· 向偉大的教師致敬——20台彩色電視
機大優待。

· 吾愛吾師大贈送，買產品送高級茶
具。

4. 店面佈置

· 擺設全套家電製品，並將其擦拭乾
淨，一律予以標價。

· 選出一樣產品擺於明顯地方加以化妝，吸引行人駐足而觀。

· 顯示贈品，讓顧客曉得。

· 店內佈置應求高雅。

5. 贈品

· 高級茶具

· 床巾

6. 廣告助成物

· 海報、POP、DM 卡

十二、中秋團圓大請客

1. 對象：家長

· 中秋節，其熱鬧氣氛並不亞於農曆春節，所需添購、新購的產品也很多，利用這個大好時機，舉辦促銷活動，應可大發利市。

· 利用原有顧客資料，找尋欲添購的顧客，寄送 DM 告知。

2. 標語範例

· 白馬音響伴您渡中狄。

· 中秋賞月何處去？拿破崙彩色電視機帶給您歡樂。

3. 如何招徠顧客

· 慶祝中秋節全產品×折再送廣東月餅。

· 中秋節買三星電冰箱慶團圓。

· 中秋賞月聽聲寶牌 APSS 收錄音機最愜意。

4. 店面佈置

· 配合各種產品，製作海報、POP，盡量使店內氣氛熱鬧。

· 懸掛公司所發的各種助成物。

· 海報製作應畫上月亮，使人感覺到中秋的氣氛。

5. 贈品

· 中秋月餅

· 精美茶杯

· 餐具

6. 廣告助成物

· 海報、POP、標價卡、DM

十三、重陽敬老，雙重贈禮

1. 對象：老年人

· 重陽節，尊敬老年人，買一台電視機，
  供老年人觀賞，應是一件最恰當的贈
  禮。所以不妨利用此時機，促銷電視
  機創造利潤。

2. 標語範例

· 重陽敬老，聲寶牌電視機一律×折大
  優待。

· 發揮敬老的精神，請選購聲寶牌電視機。

3. 如何招徠顧客

· 重陽敬老最佳獻禮——聲寶牌電視機。

· 重陽敬老，買就送。

· 尊敬我們的長輩，買聲寶牌電視機送長壽杖。

4. 店面佈置

· 製作海報標語，張貼於明顯易見的地方。

· 把促銷的彩色電視機機種，擺置突出。

· 贈品一字排開。

5. 贈品

· 長壽杖

- 精美床單
- 精美餐具
- 精美茶具

6. 廣告助成物
- 海報、POP、標籤、贈品標明卡

十四、光輝十月，多重優待

1. 對象：家長、一般家庭
- 十月份節慶多，街頭到處洋溢著光輝燦爛的氣氛，且購物的氣氛也較旺，應多加把握。
- 新婚嫁娶，本月份也非常多，嫁妝的購買是值得爭取的生意。

2. 標語範例
- 慶祝光輝十月，電視機七折大特賣。
- 普天同慶，連環大贈獎。
- 慶祝光復節，買音響送台灣民謠唱片。
- 慶祝國慶，雙重大贈類。

3. 如何招徠顧客
- 光輝十月，新婚大優待，購買全套產品，打折又贈送。
- 普天同慶，通通有送。
- ×點～×點，免費試吃天廚佳餚。

4. 店面佈置
- 懸吊公司製作的產品 POP 及張貼海報。

· 店內擺設全套家電製品，並貼「喜」標籤，吸引顧客注意。

· 贈品一字排開並標明。

5. 贈品

· 精美床單（被）、親親杯、精美餐具、精美手提袋、精製結婚祝
福卡、天廚食譜

6. 廣告助成物

· 海報、POP、標籤、贈品標明卡、DM 卡

十五、耶誕鈴聲報佳音

1. 對象：年輕人年輕家庭

· 選擇較高級住宅區投遞 DM，傳送耶誕節特賣的訊息。

· 利用服務、收款的機會，試探其買音
響的可能性，於特賣前將訊息傳到。

2. 標語範例

· 買白馬音響，送耶誕樹。

· 白馬音響報佳音。

· 慶祝耶誕節，買錄音機送耶誕老人。

3. 如何招徠顧客

· 音響新產品陪您過耶誕，×台大減
價。

· 先買的×名愛用者再贈耶誕禮物，
送完為止。

4. 店面佈置

· 音響製品 POP，配合耶誕氣氛 POP，

懸掛店面，製造 Xmas 氣氛。

· 特別設計音響專櫃，使之顯得多彩多姿，客人一進店即被吸引，前往試聽。

· 播放耶誕歌曲。

5. 贈品

· 精美唱片

· 音樂帶

· 耶誕節　枴杖糖

· 耳機

6. 廣告助成物

· POP、指示牌及其他耶誕節小飾物

十六、消暑涼伴，先納涼

1. 對象：家長、主婦

· 農曆 7 月，俗稱鬼節，習俗不嫁娶、不遷居，故電器市場較平淡。欲維持平穩銷售，需創造話題，對消費者才有實質的吸引力。

2. 標語範例

· 熱！熱！熱！聲實牌三星、北歐是您消暑涼伴的最佳選擇。

3. 如何招徠顧客

· 先納涼，後付款

· 北歐冷氣機，十二期分期付款

· 三星電冰箱，六期分期付款。

4. 店面佈置

· 配合冰箱、冷氣機 POP、海報、標價
  卡，力求使店面清爽宜人。
· 若門是關閉著的，更可裝設冷氣，既
  舒適又有宣傳效果。
· 可在冷氣機出風口繫上彩條，隨風招展，吸引客人注意。
· 店頭繫上橫招旗，加強跟從對北歐的印象。
· 備有冰涼毛巾或涼開水，客人上門，奉上一杯，親切無比。

5. 廣告助成物

· 海報、標價卡、POP、橫招旗

十七、年終清倉大拍賣

1. 對象：家長、主婦

· 寄發月曆換領卡，吸引舊客戶上門領取
  月曆，趁機再推銷其他商品。
· 月曆換領卡又可當優待券使用，加強
  其購買動機。
· 拍賣宣傳單沿街分發。

2. 標語範例

· 除舊佈新，讓聲寶家電製品為您分勞。
· 便宜！便宜！便宜！不要錯過大好機
  會。

3. 如何招徠顧客

· 年終清倉大拍賣，至年底為止。

· 迎新年，精美月曆贈送「先買先送，
送完為止」──指新客戶。

4. 店面佈置

· 新月曆懸掛櫥窗，標明買就送，吸引客人注意。

· 海報、宣傳單貼滿店頭，廣為宣傳大拍賣的訊息。

· 甚至利用麥克風或錄音帶播放大拍賣的消息。

5. 贈品

· 精美月曆

6. 廣告助成物

· 海報、宣傳單、月曆、換領 DM 卡

十八、電子微波爐是主婦的得力助手

1. 對象：新潮家庭、職業婦女

· 針對商圈內高級住宅區寄發邀請卡，
歡迎試吃天廚料理。

· 公司、行號分發宣傳單或張貼海報，
歡迎試吃天廚料理。

2. 標語範例

· 巧婦家中有天廚，魚肉營養菜根香。

· 滿足丈夫與孩子的口味，天廚是您的
得力助手。

3. 如何招徠顧客

· 每天上午×點～×點，天廚示範演出

　　下午×點～×點　歡迎蒞臨試吃

4. 店面佈置

· 雅緻的宣傳海報貼於明顯處。

· 天廚示範台於示範時，置於門口行人往

　來頻繁處，以招待駐足圍觀者。

· 非示範時間，天廚也需擺於特殊位置，

　並立指示牌，說明示範時間、地點。

5. 贈品

· 天廚食譜

· 精美碟皿

6. 廣告助成物

· 海報、示範指示牌、邀請函

十九、冷氣機試用優待

1. 對象：家長

· 冷氣機的宣傳攻勢，通常於 3 月起即逐漸展開。

· 寄發 DM 給曾買過冷氣機、彩視機的客
戶，告知此消息。

· 冷氣巡迴服務時，發現有購買慾望者傳
遞試用訊息。

2. 標語範例

· 享受北歐四季宜人的氣候，就買聲寶牌
北歐冷氣機。

3. 如何招徠顧客

· 除濕氣，去暑氣，先試用，後付款。

4. 店面佈置

· 試用消息的海報張貼於明顯處。

· 冷氣機上擺設寫有試用消息的 POP，放置門口行人頻繁處。

5. 廣告助成物

· DM 卡、海報、標示 POP、試用契約卡

第 *2* 章

新店開業的促銷

　　每逢新店鋪開業，都會開展促銷活動。成功的開業促銷不僅能吸引客源、促進銷量，而且通過營造開業氣氛，能夠有效地提高超市的知名度，全面提升企業形象。因此超市無不對開業促銷十分重視。

　　通常在準備工作完成之後，新店會先進行一段時間的試營業。在試營業之後正式開業時會舉辦大規模的促銷活動。開業第一天的活動一般都是開業儀式。在開業儀式上，可以請演出隊進行演出，通常都會請某個供應商贊助，冠名××商品演出，勁歌勁舞，以聚集人氣和客流量。

　　新店開業促銷時間，通常為開業的前兩天。新店開業的促銷及宣傳很大程度上取決於新開店的大小。普通門店開業一般只熱鬧一下，開業當天適當優惠一些，無大型促銷活動支持。如遇大型分店開業，不僅促銷時間要延長，宣傳力度、活動力度也會相應加強，甚至所有分店都要進行促銷活動以慶祝大型分店的開業。

　　商場新店開業通常可作為宣傳主題。新店會專門製作大型開業橫

幅，店面商品陳列整齊豐滿，開業吊旗懸掛美觀，製作大量的特價海報宣傳特價商品和促銷活動。

開業促銷由於力度比較大，會吸引許多客流，要特別注意維持好現場秩序。

各種各樣的促銷接連不斷，一種促銷手段一經出現馬上就變得「陳舊」，因而不同促銷手段的結合運用，或者在企業內不同業態間的促銷聯動，通常能起到更好的效果。

某商場將抽獎和特價結合起來，開業活動兩天，不同的特價商品分不同的時段實行限量特賣。顧客將填好的特價風暴 DM 單投入一樓活動區的抽獎箱內，工作人員每到整點封存一次抽獎箱並抽獎。主持人抽獎後當場宣佈中獎者名單，中獎者將獲得當前時段的商品特價券 1 張，憑券即可到四樓兌獎處購得超低特價商品。每整點限量抽出兩種特價商品。

百貨在開業促銷時，則使用了百貨、電器聯動的招數。開業期間當日累計消費滿 4000 元，即可獲贈 2000 元購物券，VIP 用戶能享受折上折，所贈禮券還可在百貨、電器通用。

◀)) 第一節　開業促銷要如何進行

　　對於商場來說，開業時的興衰決定了商場的命運。開業活動是否別致新穎意味著「首戰是否能大獲全勝」，給人以耳目一新的感覺並最終一炮打響，對於此商場在該地區先聲奪人並立穩腳跟有著至關重要的影響。

一、活動主題的選擇

　　開業促銷的主題一定要顯現得隆重、有衝擊力。例如，某百貨商場定於 9 月開業，則可將其促銷主題定為「吉瑞祥天長地久(9)服務月」。主題突出了某商場「為顧客天長地久服務」的服務心願，表明了商場的服務理念。天長地久之「久」諧音於 9 月之「9」，與開業的時期很好地契合起來。由此，可將每年的 9 月確定為商場服務月，並與每年店慶結合起來，開展一系列相關活動。

二、促銷活動的傳播

　　可以利用開業日店外的氫氣球、日常的大型宣傳看板，店內的指引標識，使管道通暢，消費者通過醒目的 POP 廣告即可以清晰地知道促銷的內容。同時，開業前在媒體上層開強大的宣傳攻勢，利用電視台、電台的黃金時段、相關報刊等多種強勢宣傳媒體進行宣傳。通過

各種傳播手段的整合，將促銷活動最大限度地傳播出去。

　　有一家百貨商場在開業前，在商場的週圍包下了全年的燈箱、道旗廣告媒體。在促銷傳播的管理上，對每一期的 DM 發放都制定了週密的發放計劃，事先制定出發放的路線，由辦公室出面統一協調、安排發放人員。對店外、店中、店內的 POP 看板、手繪價簽、海報等進行全天不定時的檢查，發現問題及時糾正、處理，保證店面 POP 的清晰、完整，全面為進店的每一名消費者提供服務。

三、佈局及氣氛的營造

　　商場開業促銷活動的整體佈局安排必須要緊密結合主題，形成主題表現，突出隆重感、形象傳達及視覺效果。所有宣傳物上都要出現企業的 LOGO，主體宣傳物上要將促銷主題標示清楚。

　　促銷活動的環境佈局及氣氛營造包括三個方面的內容：一個是週邊街區的佈置；一個是商場外的佈置；另一個就是商場內的佈置。

　　在週邊街區，可以在商場鄰近的街道和市區主幹道佈置宣傳標語，可以在主幹線的公交車上安排廣告，在商場臨近的街口可以佈置指示牌，還可以派人在商業集中街區、在人流高峰時間發放宣傳單。

　　在商場外邊，可以在門外陳列標示有企業 LOGO 的刀旗，在門前設置帶豎標的空氣球、大型拱門 1～2 個，還可以在商場前設立一塊大型主題展板，發佈活動主題及相關優惠活動。另外，可以在商場所在的樓體外懸掛幾十個巨型彩色豎標，商場的門口則可以用氣球及花束來裝飾，營造喜氣洋洋的氣氛。

　　商場內的氣氛佈置通常包括：在門口設立明顯標示企業 LOGO 的接待處，向入場者贈送活動宣傳品、印有商場標識的禮品及紀念品；

在商場內設立迎賓和導購小姐、設立導示系統、設立明顯標示企業 LOGO 的指示牌；商場的頂部及貨架處可以用氣球及花束來裝飾；商場頂端應懸掛 POP 掛旗；商場內應有宣傳海報或宣傳單，現場發放給顧客；服務台應播放輕鬆愉快的背景音樂，創造一個舒適的購物環境，並定時廣播促銷活動及促銷商品的品種，以刺激顧客購買；還應裝設襯托各類商品的燈具、墊子、模型等用品，以突出商品的特性，刺激顧客的購買慾望。

四、活動時間的確定

因為在開業促銷中商場企業品牌的樹立很重要，因此促銷時間通常都比較長，往往在 2 週左右，有的長達 1 個月。

在開業的具體時間上，通常都是選在上午。但是，某百貨在 4 月 8 日(週五)晚上 7：30 正式開始營業，由此改寫了傳統百貨商場開業的歷史，成為首家在晚間開業的大型百貨商場。由於當時天氣正在逐漸轉暖，晚間銷售佔全天的比例正逐漸上升，一般能佔到 20%～25%，尤其是週五，最高能達到 35%。從目標消費者的心理看，晚間也符合他們的消費習慣，而且商場選擇在晚間亮相，配合燈光等手段，能取得更大的轟動效應。這使得該百貨的開業一炮打響，取得了滿堂喝彩。

五、做好細節安排

1.促銷人員方面

門店相關人員必須都瞭解促銷活動的起止時間、促銷商品及其他

活動內容,以備顧客詢問;

門店服務人員必須保持良好的服務態度,並隨時保持儀容儀表的規範,給顧客留下良好的印象;

各部門主管必須配合促銷活動安排,適當的出勤人數、班次、休假及用餐時間,以免影響購物高峰期間對顧客的服務。

2.促銷商品方面

· 保證促銷商品在活動期間必須有足夠的庫存,以免缺貨造成顧客抱怨從而喪失銷售機會。

· 促銷商品的標價必須正確,以免誤導消費者,使消費者產生上當受騙的感覺,還會影響收款作業的正確性。

· 商品陳列位置必須合適且能夠吸引人。例如暢銷商品以端架陳列來吸引消費者注意,或採取大量陳列來體現量感。

· 新商品促銷應搭配品嘗、示範或參與的方式,以吸引顧客消費,以免顧客缺乏信心不敢購買。

· 促銷商品應搭配關聯性商品的陳列,以提高顧客對相關產品的購買率。

◀))) 第二節　新店開業的常用促銷手段

一、贈品促銷

　　贈品促銷也是超市開業促銷中慣常使用的手段，有的是送禮品，有的是送禮券。有時超市安排固定的禮品，來者有份，只要在促銷期間購物就可以憑收款票據到活動區領取禮品一份。有時會準備一定的禮品，但數量並不固定。如某超市曾在開業促銷時舉行了一項「買就送——果凍任你抓」的活動：

　　在開業前一天，商店將果凍運達門店，由門店店長驗收，放兩桶果凍和瓜子立在展示板上，放在規劃好的場外活動街道上。開業提前一個小時，一名員工、一張桌子、兩塊展示板全部到位，為活動做好準備。

　　只要在開業期間購物滿 268 元的顧客即可憑當日單張收款票據到活動區參加糖果抓一把活動。購物滿 488 元者兩手各抓一把，每張票據最多限抓兩次。抓到多少算多少，歸顧客所有。

　　「買就送」給人的第一印象就是促銷力度大，只要買就可以得到贈品，這種促銷方式比較能吸引消費者眼球。

　　在實際操作中，贈品促銷還有一種形式，使「滿即送」。下面是一個「衝刺百元拿獎大行動」的贈品促銷活動。

　　在活動期間，凡在超市購物達 600 元以上者，均可獲得贈品：

　　(1)一次性購滿 600 元者，憑單張電腦票據可得自製小菜一份，2

週內領取有效（不累計）。

⑵一次性購物滿 700 元者，憑單張電腦票據可得高級雨傘一把，當日領取（不累計）。

⑶一次性購物滿 800 元者，憑單張電腦票據可得摩托車雨衣一件，當日領取（不累計）。

⑷一次性購物滿 900 元者，憑單張電腦票據可得摩托車雨衣一件，當日領取（不累計）。

⑸一次性購物滿 1000 元者，憑單張電腦票據可得真皮錢夾一個，當日領取（不累計）。

⑹一次性購物滿 2000 元者，憑單張電腦票據可得真皮禮盒 1 套，當日領取（不累計）。

⑺一次性購物滿 4000 元者，憑單張電腦票據可得超值禮品包，當日領取（不累計）。

二、會員制促銷

如今，會員制這種促銷手段在開業促銷活動中越來越多地出現。在開業之際到超市購物可以得到會員卡，以後購物就可以憑會員卡得到一定的優惠，這種促銷形式容易吸引長期購買，對穩固客戶群相當重要。

會員制的主要目的是保住老顧客。國外的倉儲商店及較大型的超市等，往往採用會員制促銷辦法。當消費者向商店繳納一定數額的會費或年費後，便可以成為該店的會員，在購買商品時能夠享受一定的價格優惠或折扣。

會員制促銷的具體形式包括：

1.公司會員制

消費者不以個人名義而以公司名義入會,商店收取一定數額的年費。這種會員卡適宜於入會公司內部僱員使用。

2.終身會員制

消費者一次性向超市繳納一定數額的會費,成為該店的終身會員,可長期享受一定的購物優惠,並可以長年得到店方提供的精美商品宣傳頁,還可以享受一些免費服務,如電話訂貨和免費送貨等。

3.普通會員制

消費者無須向超市繳納會費或年費,只需在商店一次性購買足額商品便可申請到會員卡,此後便享受 5%～10%的購物價格優惠和一些免費服務項目。

4.內部信用卡會員制

適用於大型高檔商店。消費者申請某店信用卡後,購物時只需出示信用卡,便可享受分期支付貸款或購物後 15～30 天內現金免息付款的優惠,有的還可以進一步享受一定的價款折扣。

通常用的會員制促銷屬於普通會員制。一般在新店開業、慶典活動或者購買足額商品就可以申請到會員卡。購物結束收款台會要求出示會員卡,一方面可以累計積分,另一方面可以以會員價享受優惠。這是現在大多數超市慣用的會員制促銷。

某商店推出的會員制促銷活動。其活動內容為「在活動期間,凡到本超市的顧客,憑身份證便可免費辦理會員卡。每人限辦一張。」在開業前二天,門店安排人員到規劃好的活動區發放,後幾天安排服務台發放。

開業當日來購物均可以獲贈會員卡,同時保存此卡,會有驚喜到來。如某超市的優惠內容包括:「××超市回報最忠實的客戶,有超

市會員卡的顧客，在××年×月×日凡是購物滿 38 元的顧客可以獲得雞蛋一個，多賣多送──只對持會員卡的顧客」。

　　一般來說，超市的會員制入會門檻很低，給顧客的印象是一勞永逸，在初始購物就可以得到長期的優惠保障，並且當積分或者是購物金額累計到一定額度，可以憑此獲得禮品或者現金返還。

三、有獎促銷

　　關鍵是如何使消費者獲得獎項，吸引消費者再次光臨。通常來講，主要是如何設置獎項和抽獎方式，盡可能營造一種熱烈的購物氣氛是該促銷手段的關鍵。

　　具體而言，有獎促銷主要有「滿額抽」和「比賽」兩種形式。

1.滿額抽

　　滿額抽即規定凡購物滿一定金額即可參加抽獎，抽到什麼是什麼。某商場規定開業起 3 天內，凡購物滿 500 元者，均可參加抽獎活動，每天 3 組，每組送紀念套票 3 張。購物者憑購物票據到服務中心抽獎，副券投至抽獎箱內；商場於兩日後公佈中獎者名單，中獎者憑個人身份證和中獎獎券至服務中心領取旅遊套票，中獎者在統一時間去遊玩。

2.比賽

　　促銷活動將比賽和獎項結合，更能活躍現場氣氛。某商場在開業期間曾舉辦「幸運力士比拼擂台賽」活動，由於獎項持續時間長（半年），因而能給消費者留下深刻印象，取得了不錯的效果。

　　活動內容是：從超市開業起的三天內，凡購物滿 100 元者，均可參加「大力士」比拼擂台賽，每人擊拳 3 次，按照每人所得分數評獎。

具體名額如下：

　　一等獎：每天 2 名

　　二等獎：每天 3 名

　　三等獎：每天 4 名

　　優秀獎：每天 5 名

中獎名單當場公佈，中獎者憑各人身份證及電腦票據至服務中心領獎，獎品設置如下：

　　一等獎：每月享受 100 元免費購物（送半年）

　　二等獎：每月享受 50 元免費購物（送半年）

　　三等獎：每月享受 30 元免費購物（送半年）

　　優秀獎：每月 1 提抽紙（送半年）

四、娛樂促銷

娛樂活動與現場觀眾互動表演，可以從各方面薰陶消費者，這也是超市從長遠的形象樹立方面來開展的一種促銷活動。

某超市開業第一、二、三天每晚 7:30～8:30 舉辦「音樂之聲」系列音樂會：

11 月 8 日──「狂歡之夜」音樂會

11 月 9 日──「隨心所欲」現場顧客點播演奏會

11 月 10 日──「難忘歲月」民樂演奏

五、文化娛樂活動

　　文化娛樂活動也是商場開業常有的節目。由於文化娛樂活動具有喜慶氣氛，並且很容易渲染促銷氣氛，激發顧客的購物情趣，因而被很多百貨商場作為開業促銷的手段之一。

　　某商場在開業時舉辦了「心心相印」娛樂活動。活動辦法是：兩人組成一組；各站一邊，被矇上眼睛（或戴上頭罩），先由主持者打亂他們的次序；然後，開始尋找，在限定時間內（5 分鐘）正確找到自己搭檔的組可獲獎勵；所有參與顧客均可獲紀念品一份。

六、折扣優惠

　　折扣優惠自不必說，每一次促銷活動都少不了它，開業促銷更是如此。在激烈的百貨業競爭中，要使折扣優惠這一傳統促銷手段發揮威力，就要運用創新思維，在充分瞭解自己目標消費者需求的基礎上有新的創意。

　　某百貨商場在開業促銷時，為了把嶄新、活力的一面展示給廣大的消費者認知，感受和體驗自己的精彩魅力，於 5 樓名牌折扣店擴場開業期間舉行了「折扣一再擴大，驚喜無限延伸」主題促銷活動。

　　具體內容為：

　　在 4 月 10 日～4 月 17 日活動期間,顧客凡在本商場 5 樓名牌折扣店同一品牌購物累計滿 200 元以上，可即時參加「折扣一再擴大，驚喜無限延伸」的促銷活動。活動主要分為如下三個檔次：

　　顧客在同一品牌累計購買商品滿 200 元，只需加 50 元，可獲得

價值 80 元貨品。

顧客在同一品牌累計購買商品滿 300 元,只需加 80 元,可獲得價值 180 元貨品。

顧客在同一品牌累計購買商品滿 500 元,只需加 100 元,可獲得價值 350 元貨品。

七、文化活動

文化活動出現在百貨商場的開業促銷活動中,主要目的是為企業樹立一個好的市場形象,提高企業的知名度,加強企業文化的宣傳。高雅的文化活動則會吸引高端顧客,並有助於提高消費者忠誠度。

某商場在開業當日晚 6:00~8:00 在廣場舉辦了大型「廣場納涼流行音樂會」。這些文化活動陶冶了顧客情操,在給顧客帶去滿足的同時,也傳達了商場的商品促銷資訊,更容易贏得顧客的信賴,為培養忠誠顧客做了很好的鋪墊。

八、路演

路演是英文單詞 Roadshow 的意譯,即商場在賣場門外搭建舞台,通過舉辦宣傳展示活動和演出,向顧客全面展示企業形象、宣傳有關企業文化和理念,以及有關的促銷資訊,達到向受眾進行資訊傳播和引起互動的效果。

某商場在開業當日下午 14:00~15:00 組織了一場「品牌服飾、人體彩繪激情秀」。具體包括三項內容:

(1)模特現場秀

由畫師現場為模特進行人體彩繪表演，模特穿著品牌服飾進行表演秀，主持人現場介紹品牌特質，模特現場演繹。表演結束後，主持人提問，參與觀眾均贈禮品。

(2)眼力大比拼

活動開始時，參加模特秀的品牌各選一款服飾，由主持人介紹後，每次選出 3 名觀眾對服飾進行估價（限女性），估價最接近售價的除獲贈禮品以外，另得該品牌 5 折折扣券一張。

(3)挑戰你的 IQ

活動開始時，由主持人選出 5 款服飾，請觀眾參與說出各款服飾的品牌名稱，參與並回答正確的獲贈禮品。

九、抽獎

抽獎也是百貨商場開業常用的促銷手段。某商場在開業 2 日內，推出不論購物金額多少，均可到總台領取抽獎券，參與整點抽彩電活動。從早上 10:00 開始，逢整點現場抽獎 1 次，抽中的幸運顧客將獲得由商場提供的價值 4800 元的 32 英寸超平彩電一台。為加大顧客的中獎機率，凡是當次未被抽中的獎券，還可滾入下一次抽獎箱內繼續參與抽獎。巨大的中獎幾率吸引了大量的客流。

📢)) 第三節　開業慶典的特價促銷

特價銷售是讓一種或多種商品的價格下降幅度非常大，讓消費者感受到實實在在的優惠，達到吸引消費者的目的。如今，特賣商品促銷已經成為店家的主要折扣手段，一般的商場每天都要推出一款或多款特賣商品。

一些大型綜合超市，特別是沃爾瑪、家樂福等超市，每天都有不同品類的多種特賣商品推出，在超市開業促銷期間，這種促銷手段更是被廣泛運用。

為了取得理想的促銷效果，要注意開業期間特價促銷的使用策略。

一、特價促銷的實施要點

在開業促銷中使用商品特價銷售要注意以下要點：

1. 價格要足夠低

一般來說，特價銷售要比市場價低 20%～40%。比原定價要低 10%以上，才能吸引消費者購買。根據經驗，通常小數量大降價的效果比大數量小降價更能吸引消費者。開業促銷力度一般都比較大，因此進行特價促銷時，要把有限的讓利集中在特定的少量品種上，使促銷商品有較大的價格優勢。當然促銷品種也不能太少，太少對消費者的吸引力也會下降，其數量以從每個分類商品中選出一兩種商品進行促銷

為宜。

另外，在特賣商品的標籤上作特價表示，如用鋸齒形、旗幟形POP廣告作顯著說明。

2. 選擇顧客需求最旺的商品

實行特價銷售的目的並不在於追求所有的顧客都來購買特價商品，而是力求吸引盡可能多的顧客來超市購物。

開業是門店第一次與消費者見面，商品設置很重要，必須能夠吸引消費者注意。為此，在促銷活動前必須進行詳細的市場調研，瞭解市場需求，選擇對消費者有吸引力的商品。由於特賣商品的作用主要是吸引客流量而並非盈利，因此在選擇特賣商品時，需要選擇那些能夠吸引大眾眼球的商品。日用生活品，如炒鍋、果盤、暖瓶、衛生紙、洗衣粉等都可以作為特賣商品來促銷。

有時使用新商品作為特價銷售也能取得很好的效果。為了使顧客對特價銷售保持新鮮度，持續推動客流量，特價商品品種每隔一定時間要定期更換，實行滾動促銷。

3. 將特價商品陳列在十分顯眼的位置上

特賣商品的陳列位置應該突出醒目的特點，一般在第三磁石點、第五磁石點的位置較好。外資超市尤其重視特賣商品的陳列，將最吸引人的特價品放置在商場入口特設的陳列架上，其餘的則分別陳列在店內各處，力求使消費者走完商場一週，才能全部看完商場推出的特價品，這樣無形中延長了消費者的逗留時間，促使消費者在尋找特價商品時順便購買其他的非特價品。

特價商品一般採取變化陳列方式。為了能更好地吸引消費者注意，應配合POP廣告，在商品標價簽上採用旗形、鋸形或其他有創意的設計，以有別於其他商品；在標價簽上可更多地採用紅、黃、藍等

色彩鮮豔的顏色，以突出特賣商品的價格。同時也可結合開業宣傳品，對門店實施全方位的宣傳渲染。

4.特價商品的供應數量要充足

大部份特賣商品，特別是 DM 上載明的商品，數量要準備充足，以產生足夠的客流量吸引力，防止商品脫銷而影響商場信譽。特別是開業促銷，第一次一定要留給顧客好的印象。當然，對小部份價格特別低的商品也可以實施限量供應，售完為止。注意此策略的運用必須符合有關促銷約束的法律條款。

5.特價促銷的操作技巧

在實施特價促銷中要注意以下技巧：

· 選擇正確的促銷時機。如飲料的特價促銷可以選擇夏季或者節假日。

· 活動的時間以 2～4 週為宜。要考慮消費者正常的購買週期，若時間太長，價格可能難以恢復到原位。

· 特價的金額應佔售價的 10%～20%以上才具有吸引力。

· 特價促銷的廣告應簡單、準確，不要用花哨的形式。

二、特價促銷的商品選擇

並不是任何商品都適合特價促銷，以下是比較適合的商品選擇：

· 品牌成熟度高的商品。

· 消耗量大，購買頻率高的商品。

· 季節性很強的商品。

· 接近保質期的商品。

· 技術/包裝/形態已屬於弱勢的商品。

◀))) 第四節　開業折扣的促銷策略

折扣促銷的主要目的是開拓新顧客。尤其是在開業時，往往對顧客實行一定程度的價格優惠招徠生意、吸引新顧客，以下策略可以用於促銷的選擇方式。

一、限時折扣

在特定的營業時間內提供優惠商品，此種銷售模式能達到吸引顧客的目的。進行限時折扣時，可將折扣商品以宣傳單、廣播等形式告知顧客。限時折扣的商品折扣率一般在 3 折以上，才能對消費者形成足夠的吸引力。

某超市連續多年創造了不俗的經營業績，在同商圈的超市競爭中，始終處於領先地位。在該超市靈活多變的促銷策略中，限時折扣取得了良好的效果。夏天天氣異常炎熱，到了晚上，居民不願悶在家裏，紛紛來到室外消暑納涼。該超市適時地推出了「夜場購物」，將超市的閉店時間從原來的晚上 21：00 延長至 24：00，同時，在這一時段，將一些食品、果菜等應時生鮮品類打折銷售，既為附近居民提供了納涼的好去處，又低價促銷了大量日用商品，很快就贏得了廣大消費者的歡迎，也吸引了不少附近商圈的居民來此購物。此舉使其在商圈的同業競爭中一舉勝出。

二、折扣券銷售

在商店入口處放置或在報刊上刊登購物折扣券，顧客只需持券前往購物，就可享受一定的價格優惠。為了擴大銷售，甚至可以將優惠券送到顧客家門口或投入其信箱內。顧客憑折扣券，在指定時間內購物可享受一定的折扣優惠。

折扣券的發放管道有以下幾條：

第一，直接派送：即通過登門拜訪、街頭攔送方式將折扣券送到消費者手中。這種方式的優點是折扣券的送達率能夠充分保證，而且在發送折扣券時，對於發送對象是有選擇性的，通常是商圈範圍內的消費者，因此，使用率也會相應提高。

第二，通過報刊等媒體派送：即通過在報紙、雜誌上刊登廣告的形式，讓更多的消費者知曉促銷活動，憑剪角購物可享受折扣優惠。由於報刊的讀者具有一定的特定性，因此，在選擇這些媒體時要有針對性，例如《晚報》、《晨報》類的報紙和生活類的雜誌讀者群中關注購物的比率很高。但是這種傳播方式成本較高，傳播路徑較長，實施起來效果並不理想。

第三，DM 派送：即直接郵寄發送。在賣場中選取 200～300 種商品，主要是顧客敏感的商品，以超低的價格出售，並將印刷精美的商品手冊派送給潛在顧客，以吸引顧客前來購買，同時帶動其他商品的銷售。DM 商品通常每 15 天換一次，商品價格在本期 DM 結束後要馬上恢復至原位。在進行 DM 發送時，應注意有針對性地向目標顧客寄送廣告，從而使廣告效果提高。

許多商場在這方面都做得非常成功，以會員為對象，以月為單位

展開 DM 商品宣傳，並把每一期的 DM 商品錄入電腦。在每次活動結束後，從電腦中跟蹤分析 DM 商品的銷售、毛利同比，銷售、毛利佔有率比，會員購買比例、折讓比例與銷售上升的比例等指標，以此來分析顧客的潛在需求，顧客對價格的敏感度，檢查 DM 商品的組合策略，定價策略，進而為調整 DM 商品組合、促銷價格的制定提供決策數據。超市對 DM 商品的制定、調整與銷售，已帶來了回報：公司會員消費比例由原來的 15%上升至 50%，DM 商品的銷售佔總銷售的佔有率由原來的 4%上升至現在的 9%左右，會員價商品的比重由原來的 12%增加到 72%，總銷售額也日攀新高。

三、商品特賣活動

商品特價銷售也是折價促銷的一種形式，在開業促銷中使用非常廣泛。

在實施商品特賣活動時首先需要注意一些問題，例如特賣商品的選擇、特賣商品的供應量、特賣商品的降價幅度、特賣商品的陳列、特賣商品的時效。

四、購物返券活動

購物返券是在超市購物滿一定數額之後，憑購物票據到超市指定地點領取相應數額的購物返券。

例如買 100 送 20，即購物達到 100 元，便可獲得 20 元的購物券，可以在超市裏購買其他商品。購物返券相當於在原商品價格基礎上打了一個折扣進行銷售，這種方式增加了消費者在超市內的滯留時

間，擴大了商品的銷售額。

　　某超市將大力度的促銷作為經營的手段之一，廣泛的促銷活動是其提升業績、爭取顧客、積極參與同業競爭的有效手段，尤其是在元旦、春節等黃金週上做促銷文章。國慶期間進行了一次大規模的商品促銷戰役——購物滿 100 元送 40 元購物券活動，取得了較好的效果。10 月 10 日當天創造了開業以來的銷售新記錄。

　　購物返券活動靠低價實現了集客目標，靠巨大的銷量從廠家獲得了可觀的返利，同時通過足夠低的毛利將一部份找廠家進貨的客戶吸引過來，從而帶來更大的銷量，形成了良性循環，做出了實惠為民的概念。

五、供應商折扣

　　供應商在一些指定的超市或超市出售的商品包裝上貼上特殊優惠或折扣標誌，顧客在購物時只需將其取下並寄送至指定地點，一段時間後便會收到供應商寄來的可兌現一定折扣額的購物優惠券。

六、附贈商品

　　常見於食品超市。超市根據顧客當天購物的金額，分送不同等級的禮品。這種附贈品一般價格都較低，但卻很實用，如茶杯、碗碟、衣架、紙巾等；或直接將附贈品捆綁於商品之上，如箱裝牛奶、大包裝飲料瓶上，文具、小玩具、紙杯等都是贈品合適之選。這種直觀的附贈品讓顧客一眼就看到了，促進其購買。

七、購物印花票

在一些超市，顧客每次購物，都會得到一張列印成印花票形式的付款憑證，顧客如果把這種印花票積攢到一定數量或一定金額，便可以到超市一定的折扣或回贈禮品，這種形式主要是用來吸引長期回頭客。

八、聯合折扣

超市與其他行業如餐旅業、娛樂業、洗車業等聯合開展的一種促銷活動。顧客購物時，會得到商店贈送的優惠券，憑優惠券就可以在該超市與其他行業結成的聯合體內享受購物折扣或接受優惠服務。

◁))) 第五節　開業慶典的促銷方案

案例 1：百貨公司開業慶典的促銷方案

一、活動目的

1. 通過本次開業慶典，在氣勢上「一炮打響」，在客戶心目中留下深刻的印象。

2. 通過規模宏大的開業活動提升企業的影響度，在同行業態中留下較好的知名度。

3.通過促銷活動提高銷售額,讓顧客感到「實惠」,最終增加美譽度。

二、活動時間

4 月 25 日至 5 月 4 日(10 天)

三、活動主題

××開業慶典暨開業大酬賓

四、活動地點

××商廈及其門前廣場

五、活動準備工作

1. 媒體宣傳

⑴報紙

選擇《精品購物指南》在開業慶典 10 天前即開始宣傳。

⑵電視台

選擇專業廣告公司,為「石破天驚買 200 送 400」製作了 15 秒的電視廣告,分別在地方電視台滾動播出。

⑶電台

將聲音從「電視廣告」中剝離作為電台廣告,加以播出。

⑷DM 快訊

專門設計一期 DM 快訊,發行 15 萬份,一部份由大學生進入社區直投到週邊居民手中;另一部份由商場員工在街道散發。

⑸宣傳車

「××宣傳車」在城市各個區內進行宣傳。

⑹商場美工

運用各種手段把賣場內裝飾起來,營造開業喜慶氣氛(包括看板、展示板、POP 海報、店內廣播等)。

⑺軟性廣告（相關報導）

在此之前，邀請各報社記者組織座談會，在活動中和結束後，以本商業現象為主題展開新聞，各方位、各角度進行宣傳報導。

2. 開業儀式表演團隊的聯絡。

3. 在廣場上按專業標準製作一個活動拼裝舞台，可拼成表演舞台、T型台等，旁邊搭配活動更衣間和化裝間。

4. 開業促銷氣氛的佈置。

5. 相關人員的培訓。

……

六、活動內容

1. 開業慶典

⑴開業慶典儀式

時間：4 月 25 日上午

為體現開業活動當日熱鬧非凡、宏大壯觀的場面，慶典活動各項規格都比試營業期間有所提升，除了常規的軍樂隊、和平鴿、鼓樂隊之外，還組織一場表演；同時，邀請某企業的「威風鑼鼓隊」現場助威，把整個開幕儀式推向高潮。

⑵廣場演出

時間：4 月 25 日至 5 月 4 日每天下午 3:30～5:00

目的：使本次開業慶典活動的宏大規模保持較好的連續性，不至於出現開業慶典完畢即人丁冷落的現象，同時增加顧客對企業的認知度。

每個演出團體只演出一場，保持節目不重覆、有新鮮感，能充分滿足觀眾顧客的心理，如「YY 歌舞團」、「東方霸王花」、「東方時尚模特表演」、「城市原創歌曲演唱會」、「中外進行曲軍樂演奏」等等，演

出的同時，由主持人穿插介紹本商廈的一些背景和知識，使現場的觀眾對本商廈的認知度達到 90%。

2.促銷活動

◎××商廈「石破天驚，買 200 送 400」

活動辦法：

顧客拿 200 元即可換取一張價值 400 元的禮金卡（有防偽標誌，由印刷廠印製），然後顧客即可拿此 400 元禮金卡在商場內使用。

使用規則：

・本卡須在有效期內使用；

・本卡須一次購足 400 元以上，不足部份用現金補足；

・本卡每次只能在同一專櫃使用一張，不得累加使用；

・本卡使用時不找零；

・特例商品不參加（如家電、某些品牌化妝品）。

◎輔助性促銷活動

①剪角回收「來就贈」

只要憑《精品購物指南》和 DM 快訊廣告剪角，即可換取小禮品一份。

②貴賓卡回娘家

憑××商廈會員卡購物（無論金額）大小，會員顧客都可獲小禮品一份。

③幸運飛標

憑購物票據滿 60 元即可投飛標一次（根據成績領獎）。

④歡樂轉盤

憑購物票據滿 80 元，即可轉盤一次（設不同獎項獎品，其中一等獎為 VCD 一台）。

⑤其他(略)
七、費用預算(略)
八、活動注意事項及要求(略)

案例 2：連鎖店十店同慶的開業促銷案

一、活動目的
新店開業，擴大知名度和影響力，吸引顧客群。

二、活動時間
7 月

三、活動主題
美好生活共同擁有──十店同日慶新張　六重福禮送到家

四、活動地點
××超市

五、活動準備工作

1.贈品準備

⑴贈品；

⑵手機卡；

⑶ 5 元配送商品。

2.活動宣傳

⑴晚報；

⑵DM 海報。

3.賣場佈置

⑴商品陳列；

⑵POP 等的懸掛。

六、活動內容

1. 福禮一：開業大家喜　來就送福禮

⑴活動內容：

每天超市購物前 200 位顧客、便利店購物前 50 名顧客，可憑當日購物票據在超市總台(便利店收銀台)領取開業紀念品一份。

⑵部門分工與協調：

採購負責開業紀念品的準備，於 2003 年 7 月 3 日前到位，至配送中心；

配送中心根據發展部提供配送比例，每晚 10 點前配送至各門店客服部或便利店店長；

門店負責統計和發放贈品，並每日進行贈品統計報營運部；

營運部負責整體活動的實施和監督工作；

發展部負責活動策劃和贈品配比及活動解釋。

⑶贈品採購明細：

大店：2 元×2004×天×4 店×10 天=16000 元(8000 份)

便利店：2 元×50 份/天×6 店×10 天=6000 元(3000 份)

⑷贈品配送明細：

大店：2000 件/店　　合計：8000 份

便利店：500 份/店　合計：3000 份

2. 福禮二：同「福」有緣人　一生伴幸福

⑴活動內容：

顧客姓名中如帶有「福」字者，憑當日購物票據(金額 16 元以上)和本人身份證明，送價值 50 元的手機長途卡一張(2000 張送完為止)；活動期間每人每店限送一張。

(2)部門分工與協調：

門店負責贈品的登記和發放工作。注意在票據上加蓋「贈品已領」章；

營運部負責活動的整體發放登記實施和監督工作，負責活動總結；

發展部負責落實卡到位，並於 7 月 5 日之前到位交付營運部發放；

門店做好贈送卡的登記工作。

(3)門店配送比例：

大店：350 張×4 店=1400 張

便利店：100 張×6 店=600 張

合計：2000 張。

3.福禮三：「來了就送福　2 元換 5 元」

(1)活動內容：

各店購物滿 36 元者，憑當日購物票據加 2 元現金，到超市總台（便利店收銀台）選購價值 5 元左右商品。

(2)部門分工與協調：

採購負責 5 元超值商品採購，商品目錄於×日前報發展部做報紙媒體宣傳；

配送中心負責超值商品收貨及門店配送工作；

營運部負責超值商品售賣登記，並監督現金回收和超值商品盤點對帳工作；

發展部負責活動解釋及宣傳工作；

門店做好銷售登記工作，及時反饋營運部。

(3) 5 元商品配送：

大店：1000 份×4 店×16 天=64000 元

便利店：400 份×6 店×16 天=38400 元

4.福禮四：××獻驚喜　禮金送給您

⑴活動內容：

活動期間在各店購物金額滿 56 元者，憑××晚報或××超市快訊刊登的 5 元抵金券剪角在收款時沖抵等額現金。

備註：團購及場外個別專櫃除外，不參加；購物金額 56 元以上不累計計算；購物滿 56 元以上者，不參加福禮二活動，其餘活動均可參加。

⑵部門分工與協調：

發展部負責活動廣告設計製作(公司名稱、活動內容、有效使用期、過期作廢、複印或殘損作廢)，及媒體宣傳工作；

營運部負責活動的具體執行,在購物券的回收登記工作中進行監督指導；

財務部對門店進行購物券回收工作的流程進行相應培訓；

門店負責活動的具體執行及現場秩序的維護。

⑶ 5 元抵金券派送：

晚報剪角：130000 份×5 元=650000 元

快訊剪角：100000 份×5 元=500000 元

⑷支出收益比：

收入預計：230000 份×56 元=1288 萬元

抵金券合計金額：650000 元+500000 元=115 萬元

費用佔比：115 萬元/1288 萬元×100%=8.9%

5.福禮五：購物送晚報　日久見人心

⑴活動內容：

各店購物金額滿 66 元以上者，憑當日購物票據獲贈下一年任意一季《××晚報》一份（價值 34.50 元）；購物滿 106 元以上者，憑當日購物票據獲贈 2004 年半年期《××晚報》一份（價值 69 元）；各店購物金額滿 166 元以上者，憑購物票據獲贈 2004 年全年《××晚報》一份（價值 138 元）。

⑵部門分工與協調：

發展部負責報紙派送流程培訓；

負責媒體宣傳及活動解釋；

營運部負責活動具體實施和監督。

6.福禮六：數百低價品　捧出××心

⑴活動內容：

連鎖店 100 多種半價品、數百種低價品任顧客選擇；連鎖超市真誠承諾：有質量問題商品包退換，不滿意可再次包退換。

⑵部門分工與協調：

採購部負責快訊促銷商品的組織工作；

店面負責快訊商品的具體售賣及宣傳工作；

發展部負責快訊的製作及商品報紙宣傳。

七、費用預算

福禮一　　贈品：11000 份×2 元=22000 元

福禮二　　手機長途卡：10 元面值卡×2000 份=20000 元

福禮三　　5 元商品：102400 元

福禮四　　5 元抵金券：230000 份×5 元=1150000 元

福禮五　　《××晚報》獲贈單。

八、活動注意事項及要求（略）

案例 3　××商場的開業慶典方案

一、籌備安排

1.活動規模

參加人數 200～260 位左右，現場佈置以產生熱烈隆重的慶典儀式氣氛為基準，活動以產生良好的新聞效應，社會效益為目標。

2.活動場所

××商場廣場

3.活動內容

××商場開業儀式

4.舉辦時間

1 月 27 日

5.活動的主持人選

一女、一男(青春、時尚、能製造活躍氣氛)

6.嘉賓邀請

嘉賓邀請是儀式活動工作中極其重要的一環，為了使儀式活動充分發揮其轟動及輿論的積極作用，在邀請嘉賓工作上必須精心選擇對象，設計精美的請柬，盡力邀有知名度的人士出席，製造新聞效應，提前發出邀請函(重要嘉賓應派專人親自上門邀請)。

7.廣告宣傳(僅供參考)

根據「××商場」的營銷戰略及廣告訴求對象，通過媒體廣告、禮儀活動等形式對市場作全面的立體式的宣傳，把「××商場」良好的品牌形象凸現於廣大市民眼前，創造出良好的宣傳效應，為今後發

展和經營戰略開路。

⑴**廣告內容要求**

開業告示要寫明事由，即「××商場」開業慶典儀式在何時何地舉行，介紹有關××商場的建設規劃、經營理念、服務宗旨。

⑵**廣告媒體安排**

在活動前 3 天須訂好《××報》、《××商報》等的廣告位，並製作好廣告稿件及廣告計劃書，預約電台、電視台、報紙的新聞採編，做好新聞報導準備工作，印製好準備派發的禮品袋和宣傳資料。

①報紙廣告：在《××報》、《××商報》提前訂好廣告位，設計精美的展覽宣傳廣告。

②印製廣告：宣傳單頁、禮品袋……

二、工作安排

1. 前期準備階段

⑴ 1 月 4 日，××廣告禮儀公司將「××」商場開業策劃草案送公司審閱，就方案做出實際性的修改。

⑵雙方公司就此次活動簽訂《合作意向書》，《合作意向書》應對本次活動中雙方的責任及權益進行說明，同時應說明的有本次活動的規模、舉辦地點等要素。以便著手安排工作。

⑶雙方公司應就此次活動成立聯合工作小組，聯合工作小組應召開聯席工作會議。聯席會議應對近期工作做出明確安排，對本次活動的規模、大小、項目設置做出決定，並做出詳細的設計方案，簽訂正式合同。

⑷ 1 月 22 日，按照項目實施方案的要求，廣告宣傳工作應開始運作，第一批的軟性廣告宣傳應見報。

2. 製作、實施階段工作安排

⑴ 1 月 22 日，商場應開始發送請柬、回執，並在三日內完成回執的回收工作。

⑵ 1 月 24 日，各種活動用品(印刷品、禮品等)應完成製作、採購工作並入庫指定專人進行保管。

⑶ 1 月 24 日，××廣告禮儀公司應完成活動所需物品的前期製作工作，至此該公司與相關協作單位的確定工作應全部完成。

3.現場佈置階段工作安排

⑴ 1 月 24 日，××廣告禮儀公司開始現場的佈置工作，24 日前應完成所有條幅、彩旗、燈杆旗的安裝工作。(物管公司派兩名工作人員配合，確認準確位置)

⑵ 1 月 25 日，開始現場的佈置工作，上午完成主席台的搭建及背景牌安裝；下午 3:00 完成主會場簽到處、指示牌，嘉賓座椅、音響的擺設佈置，並協同商場有關人員檢查已佈置完成的物品；晚上 6:00 時前完成充氣龍拱門、高空氣球的佈置工作；晚上 12:00 前完成花籃、花牌、胸花、胸牌的製作工作。

⑶ 1 月 26 日，上午 9:00 時前，××廣告禮儀公司完成花籃、花牌、盆花的佈置，上午 10:00 完成小氣球的充氣工作。11:00 日××廣告禮儀公司應同××商場對全部環境佈置進行全面檢查、驗收。至此全部準備工作完畢。

4.活動實施階段工作安排

⑴ 1 月 27 日，上午 7:00××廣告禮儀公司工作人員和××商場工作人員到達現場準備工作；保安人員正式對現場進行安全保衛。

⑵ 1 月 27 日，上午 8:00 禮儀小姐、獅隊、軍樂隊準備完畢。

⑶ 1 月 27 日，下午 8:30 主持人、攝影師、音響師、記者準備完畢。

(4)1 月 27 日，9：00 活動正式開始。

三、場景佈置

1. 彩旗

(1)數量：60 面

(2)規格：0.75m×1.5m

(3)材料：綢面

(4)內容：「××商場隆重開業」。

(5)佈置：廣場及道路兩邊插置。

印製精美的彩旗隨風飄動，喜氣洋洋地迎接每位來賓，能充分體現主辦單位的熱情和歡悅景象，彩旗的懸掛能體現出整個慶典場面的浩勢，同時又是有效的宣傳品。

2. 橫幅

(1)數量：1 條

(2)規格：4.5m×10m

(3)材料：牛津布

(4)內容：（略）

(5)佈置：廣場入口處的牆壁

3. 賀幅

(1)數量：1 條

(2)規格：15m×20m

(3)材料：牛津布

(4)內容：（略）

(5)佈置：廣場牆壁

4. 放飛小氣球

(1)數量：2000 個

⑵材料：進口 PVC

⑶佈置：主會場上空(剪綵時放飛，使整個會場顯得隆重祥和，更能增加開業慶典儀式現場熱鬧氣氛。)

5.高空氣球

⑴數量：12 個

⑵規格：氣球直徑 3m

⑶材料：PVC

⑷內容：(略)

⑸佈置：懸於現場及主會場上空。

6.充氣龍拱門

⑴數量：1 座

⑵規格：跨度 15m/座

⑶材料：PVC

⑷內容：(略)

⑸佈置：主會場入口處及車道入口處

7.簽到台、遮陽傘

⑴數量：簽到台 1 組、遮陽傘 1 把

⑵規格：3m×0.65m×0.75m

⑶佈置：主會場右邊桌子鋪上紅絨布，寫有「簽到處」，以便貴賓簽到用。

8.花籃

⑴數量：30 個

⑵規格：五樓中式

⑶佈置：主席台左右兩側(帶有真誠祝賀詞的花籃五彩繽紛，璀璨奪目，使慶典活動更激動人心。)

9. 花牌

⑴數量：8塊

⑵規格：11m×1.8m

⑶材料：泡沫、金字

⑷內容：（略）

⑸佈置：主會場左右兩側（熱情洋溢、言簡意賅的辭句讓人一目了然地知道本次慶典活動意義所在。）

10. 背景牌

⑴數量：1塊

⑵規格：8m×3m

⑶材料：木板、有機玻璃字

⑷內容：（略）

11. 路燈旗

⑴數量：16對

⑵規格：0.45m×1.5m

⑶材料：防雨布絲印

12. 主席台

⑴數量：1座

⑵規格：8m×4m×0.7m

⑶材料：鋼管、木板

13. 紅色地毯

⑴數量：200m²

⑵佈置：主會場空地（突出主會場，增添喜慶氣氛。）

14. 其他

⑴剪綵球：8個

⑵簽到本：1 本、筆 1 套

⑶綬帶：10 條

⑷椅子：200 張

⑸胸花：200 個

⑹胸牌：200 個

⑺綠色植物：50 盆

⑻盆花：20 盆

15.禮儀小姐

⑴數量：10 位

⑵位置：主席台兩側、簽到處（禮儀小姐青春貌美，身披綬帶，笑容可掬地迎接各位嘉賓並協助剪綵，是慶典場上一道靚麗的風景。）

16.音響

⑴數量：1 套

⑵要求：專業

⑶位置：主會場

四、儀式程序

1 月 27 日上午 9：00 典禮正式開始（暫定）

8：30 播放迎賓曲，樂隊演奏迎賓曲；禮儀小姐迎賓，幫助來賓簽到，為來賓佩戴胸花、胸牌，並派發禮品。

8：40 來賓入會場就座。

8：50 音響播放慶典進行曲。

9：00 迎賓結束。

9：15 主持人：邀請市領導致辭。

9：20 主持人：邀請商場總經理講話。

9：25 主持人：請來賓欣賞威風鑼鼓表演。

9:40 主持人：請貴賓代表講話。

9:45 主持人：邀請業主代表講話。

9:50 主持人：邀請商場總經理及貴賓欣賞舞獅表演。

10:00 主持人：宣佈剪綵人員名單，禮儀小姐分別引導主禮嘉賓到主席台。

10:05 主持人：宣佈「××商場開業剪綵儀式」開始，主禮嘉賓為入夥儀式剪綵。

10:10 主持人：宣佈「××商場開業儀式」圓滿結束。

五、演出情況安排

演出日期： 1 月 27 日 10:10～12:10

具體安排：

1. 模特隊組

2. 樂隊表演組

3. 魔術、雜技組

4. 舞蹈隊組

六、後勤工作安排

1. 現場衛生清理

2. 活動經費安排

3. 活動工作報告

4. 安全保衛及應急措施

5. 交通秩序維護

6. 消防安全檢查

第 **3** 章

商場週年慶的促銷

　　新店開業要慶祝，之後，每年的「週年慶」也要加以促銷慶祝。店慶日是一個非常重要的日子，以「店慶」為主題進行促銷，現在已成為各大超市擴大市場佔有率的一個重要營銷手段。

　　現在商場越來越看中店慶活動帶來的效益。事實上，即使在淡季，各超市也能憑藉各自的店慶活動取得良好的經營效果，部份門店的營業額甚至超過國慶長假所帶來的銷售旺勢。據不完全統計，在店慶促銷期間，超市客流量普遍比平時增加 1/3 左右，營業額上升 20%～30%，部份超市店慶期間的總銷售額佔全年銷售額的比例甚至能達到 15%左右。

　　店慶的名目繁多不是一年只有一個，除了門店慶，諸如週年慶、全國週年慶、全球週年慶，讓同一個超市一年要過好幾個生日。而且，各大超市的店慶戰線也越來越長，從原來的三五天、一週延長到 20 天、一個月，有的甚至長達 40 多天。

🔊))) 第一節　店慶促銷如何進行

一、明確活動目的

與其他促銷一樣，要搞好店慶促銷，首先要明確促銷活動的目的。一般來說，促銷的目的主要有以下幾種：

· 在一定時期內，擴大營業額，並提升毛利額。

· 穩定既有顧客，吸引新顧客，以提高來客數。

· 及時清理店內滯銷存貨，加速資金週轉。

· 提升企業形象，提高商場知名度。

· 與競爭對手抗衡，以降低競爭對手各項促銷活動對本店的影響。

具體到不同的超市、不同的門店，在不同的年份，店慶促銷的目的會有所側重，並不完全相同。以下是通常情況下店慶促銷需要達成的目的：

通過一系列活動，向顧客傳遞超市店慶的喜訊，吸引公眾的注意力，進一步提升企業知名度和社會影響力。傳播本超市規模大、品種全、質量好、價格低、服務優的良好形象和企業文化。同時，通過各種互動活動，進一步深化企業與消費者之間的情感交流，為今後的發展奠定良好的基礎。開展一系列活動，最大限度挖掘消費潛力，擴大銷售額。

二、主題陳列

在店慶促銷期間，通常會針對活動，設專門的促銷區域，對促銷品類進行相對集中陳列，設計特色裝飾，突出賣點，以特價、贈品、服務、視覺來拉動消費。

另外，大量的店內商品堆頭陳列，是慶祝店慶最好的商品，易突出店慶的喜慶氣氛。

三、媒體宣傳

媒體宣傳是消費者瞭解促銷活動的直接媒介。通常主要使用的道具有平面媒體、戶外媒體、大眾媒體、廣播、電視等，宣傳內容主要是門店促銷活動及店慶所推出的深度特價商品。內容包含媒體宣傳內容，並將其他商品逐一推介。另外，還有店慶吊旗製作、橫幅懸掛，橫幅以店慶內容為主，可附加促銷活動主題，而壁報可做超市本身的簡介、促銷內容。海報廣播做商品推介、活動介紹等。

比較有效並且傳播範圍比較廣的一種宣傳方式是 DM 促銷，這是一種信息量比較全、成本比較低的宣傳方式。某超市店慶主題促銷的 DM 主要內容為：「推出 A 類商品 20 種左右，加大促銷力度，震撼出擊，感恩回報」。此外還包括店面門頭設計製作，例如：「歡慶×週年，感恩大奉送」。還附加一些引人入勝的活動內容，例如：設計製作「感恩榜」、電視台文字廣告、宣傳車設計製作等。

四、活動佈置

　　活動佈置是活動準備的重要方面之一，對促銷活動氣氛的影響有很大作用，也是為消費者展示活動內容。活動佈置主要是按照其活動內容劃分區域後進行分區佈置。

　　例如：某超市的店慶活動佈置如下：

主席台：

　　以禮花背景，字幕「熱烈慶賀××超市開業×週年」，隨後播放「月圓人團圓××賀週年」促銷資訊。

外佈置：

　　⑴前廣場懸掛「×週年店慶」彩旗，尺寸 50 釐米×70 釐米，顏色以紅、黃兩色為主(總店 900 面、YY 分店 300 面)，更換總店國旗、店旗。

　　⑵門前懸掛橫幅，總店、YY 分店、ZZ 便利店各一條。

　　內容：熱烈慶賀××超市開業×週年。

　　⑶建主席台 6 米×9 米及慶典儀式後幕 4.5 米×9 米，豎拱形門一個。

場內佈置：

　　⑴南北收款區上方用 KT 板製作宣傳吊牌。

　　⑵入口處製作氣球門 2 個，YY 分店 2 個。

　　⑶在主通道懸掛「月圓人團圓××賀週年」室內吊旗，總店 30 面、YY 分店 20 面。

　　⑷糖果區上方懸掛氣球 900 個。

　　⑸設立月餅促銷區並和酒水區上方分別懸掛「月圓人團圓××賀

週年主題促銷區」吊牌。

⑹糧油、南北貨、酒水及月餅均以大堆頭陳列方式擺放。

⑺超市西區兩柱子間製作×週年店慶宣傳牌或聯繫廠商製作廣
告牌。

有了恰當的氣氛佈置可以吸引更多的消費者前來購物,容易引起
衝動購物。

五、促銷主題

促銷主題是促銷活動的關鍵,有了明確的主題,才能讓消費者更
加信服,這是主題促銷的關鍵主題。

通常要從消費者關注的內容來選擇其易於接受的主題內容,並且
要詳盡地分析消費者綜合素質,分別建立「雅」或者「俗」的主題內
容。

例如某商場慶祝七週年店慶,其促銷主題如下:

・×××七歲了!!

・×××與您「7」頭並進!

・「7」樂融融,激情×××!

・「7」開得盛事,鞠躬留佳名!

・滴水之恩,湧泉相報。

・我們始終以最好的商品、最低的價格、最佳的服務奉獻給您!

・真誠永遠服務無限。

・服務社區回報顧客。

這些主題各有優缺點,最主要是選擇合適自己用的主題內容。

六、主題促銷活動的注意要點

活動前期安排要合理，具體接待人員要安排妥當，例如某超市店慶期間在商廈一樓大廳內設置 6 個顧客接待處：總經理辦公室、招商處、招聘處、促銷活動諮詢處、溫馨卡發放處、顧客意見接待處。每個接待處有商廈職能部門的領導負責接待，分別根據自己的工作職責，接待顧客來訪及回答顧客提出的疑問。

一般來說，主題促銷活動要求各接待處不允許出現空位的現象。如遇特殊情況，需自行安排人員替代；同時各接待處準備好相關的資料，如招商手冊、人事報名登記表等；接待中要認真做好登記；接待人員要求統一著裝；行政部負責對各種資料的印製和桌椅的準備。

◁))) 第二節　店慶促銷常用手段

店慶活動現在被越來越多作為超市重要的促銷節日。常用的促銷手段有：

一、贈送禮品

贈送一定的禮品也是超市常用的店慶促銷手段。一般是按照一定條件選擇顧客，贈送其相應禮品。

例如，某超市在店慶促銷期間，開展了「感恩榜，××情」的活

動，在店慶日時，即在 6 月×日，在××店門口設計製作「感恩榜」，公佈 800 名忠實顧客名單。「感恩榜」上有名的顧客於 6 月 29 日可領取禮品一份。

在店慶促銷期間，贈送禮品的最常用方式是「生日送」和「滿額送」。

1.生日送

與店慶同一天生日的顧客，憑身份證可獲贈一定的禮品。有一超市曾在店慶日舉辦「同喜同賀」活動，規定凡是店慶日生日的顧客，憑身份證可到該超市總服務台「領取價值 50 元的禮品一份，同喜同賀，幸福共用」。

2.滿就送

即在活動期間，在超市購買達到一定金額即贈送一定禮品。

某商場舉辦兩週年店慶酬賓活動。從 9 月 21 日起至 10 月 14 日，凡在活動期間一次性購非特價商品 10000 元者，可獲贈微波爐一台；一次性購物 2000 元者，可獲多用蒸鍋一個；一次性購物 1000 元以上，可獲禮品一份。

某超市的分店在店慶時舉辦的「感恩歡樂送」就屬於這種促銷手法。6 月 26 日至 6 月 29 日，凡在該店憑單購物滿××元的電腦票據，即可領取價值 3 元的禮品一份，滿××元即可領取兩份，領取禮品最多不超過三份。同時，在服務台進行登記，加入感恩榜，共享店慶倖福時光。這種促銷方式雖然有一定的限度，但操作比較靈活，很受多家超市喜歡。

贈送禮品的條件可以靈活設置，不一定非要消費達一定金額，這跟促銷目的緊密相關。滿額送可以有效增加超市的營業額。

二、抽獎

　　抽獎也是超市店慶促銷的常用手法。或者是按照收銀號碼抽取幸運獎，或者是規定購物滿一定金額進行抽獎，形式不一。

1.幸運獎

　　從忠實顧客感恩榜中公開抽取幸運獎 8 名，各獎價值 50 元禮品一份。

2.滿額抽

　　滿額抽可以很靈活地控制促銷力度的大小，只需要調節抽獎的額度即可，這種方法簡便可行。

　　某超市曾經在店慶促銷期間規定，凡當日單張購物票據滿 50 元者，均可參加抽獎，有機會贏得價值 500 元的獎品。多買多抽，票據不累計，抽完為止。

　　另一家超市在店慶促銷期間，規定憑單張購物票據滿 80 元即可參加刮刮卡活動，一等獎為電動車一輛。

三、比賽

　　比賽促銷手段應用的關鍵是比賽項目設置。店慶促銷的比賽手段選擇主要應該突出店慶，或者比賽活動應和本店鋪密切相關。例如某超市在店慶開展「××超市快訊徽標有獎大徵集」，凡於店慶當天收集本公司 DM 快訊 10 期以上者均可獲得一份精緻禮品，集齊開業至本期者可獲得本公司價值 500 元獎品(本公司員工不得參與此活動)。

　　另一個超市則舉行「尋找『有緣人』」的店慶比賽促銷活動，效

果非常好。具體的活動規則如下：6 月 28 日期間，凡電腦票據流水號尾數為 68 者，均可獲得價值 100 元的禮品一份；凡於××店開業的 6 月 28 日出生的兒童，店慶日憑出生證，均可獲得價值 50 元的精緻禮品一份（送完為止）；凡於 6 月 28 日出生的所有顧客於店慶當天持本人身份證和當日購物票據均可獲得禮品一份（送完為止）。

除此之外，還可以通過公益活動比賽來提升自己的形象，這種活動安排在店慶舉行別有一番風味，如某超市店慶促銷舉行「消防常識有獎競猜」活動，主要是為提高消費者消防安全意識。消費者憑當日購物票據即可參與答題，答對後即可獲得一份獎品。

具體的比賽方式要根據門店不同分別確定。

四、特價銷售

這是促銷活動最常用也是使用時間最長的促銷方式。由於這種促銷方式直接有效，一直以來都被大多數消費者青睞。特價促銷可以說是對消費者衝擊最大、最原始、也最有效的促銷武器，因為消費者都希望以盡可能低的價格買到盡可能好的商品。

特價促銷畢竟是市場競爭中最簡單、最有效的競爭手段，為了抵制競爭者即將入市的新產品，及時用特價吸引消費者的興趣，使他們陡增購買量，自然對競爭者產品興趣銳減。特價促銷能夠吸引已試過的消費者再次購買，以培養和留住既有的消費群。

假如消費者已借由樣品贈送、優惠券等形式試用或接受了本產品，或原本就是老顧客，此時，產品的特價就像特別向他們饋贈的一樣，比較能引起市場效應。特別是直接特價，最易引起消費者的注意，能有效促使消費者購買。特別是對於日用消費品來說，價格更是消費

者較為敏感的購買因素。

　　通過直接的商品特價還能塑造消費者可以用最低的花費就能買到較大、較高價值產品的印象，能夠淡化競爭者的廣告及促銷力度。大多數特價促銷在銷售點上都能強烈地吸引消費者注意，並能促進其購買的慾望，而且特價往往使消費者增加購買量，或使本不打算購買的消費者趁打折之際購買產品。

　　特價的促銷效果也是比較明顯的，因此常常作為企業應對市場突發狀況，或是應急解救企業營銷困境的手段，如處理到期的產品，或為了減少庫存、加速資金回籠等。為了能完成營銷目的，營銷經理也常會借助於特價做最後的衝刺。不過，這樣做只能在短期內增減產品銷量，提高市場佔有率。

　　某超市在店慶時進行「部份家電逐日降價大酬賓」的促銷活動。主要內容如下：

　　為慶祝××店開業一週年，我公司特舉行家電特價酬賓活動，1000 件家電以五折起酬賓，且逐日降價，最高降價 100 元/件‧天。最低降價 10 元/件‧天。其中 LG 牌彩電起步價僅售 1900 元，且每日再降 100 元，售完為止。

　　驚價商品、食品每人每單限購 10 份：

- ‧雨潤雞肉腸 3.30 元/袋；
- ‧潘婷絲質順滑潤發精華素 200ml/瓶（限量 120 瓶）；
- ‧娃哈哈樂酸乳（多味）220ml/瓶，0.80 元/瓶，限量 7200 瓶；
- ‧90 克佳潔士含氟牙膏/隻，2.60 元/隻，限量 1350 隻；
- ‧露露紙包 250ml/盒，1.00 元/盒，限量 1200 盒；
- ‧高露潔草本牙膏 105 克/隻，2.80 元/隻；
- ‧高露潔超強牙膏 105 克/隻，2.70 元/隻。

五、文化促銷

舉辦文化活動可以有效地擴大商場的影響。例如,某商場曾經在店慶時推出了「精彩共用」文化活動,在店慶促銷期間(一週),每天晚上 7:30,放映經典影片,精彩共用。

另外,××超市也曾在兩週年店慶時開展文化酬賓活動,夜晚在超市廣場放映露天電影,並舉行了幾場大型文藝演出。

六、其他促銷

促銷的手法多種多樣,除了上述幾種外,策劃人員可以充分發揮創造力,設計有吸引力的促銷手段。某超市在促銷期間曾舉辦免費參觀廠家生產基地的活動。購物即可領取小湯山蔬菜生產基地參觀券、錦繡大地參觀券、牛奶生產廠參觀券等。

心得欄 ┈┈┈┈┈┈┈┈┈┈┈┈┈┈┈┈┈┈┈┈┈┈

┈┈┈┈┈┈┈┈┈┈┈┈┈┈┈┈┈┈┈┈┈┈┈┈┈┈┈┈

┈┈┈┈┈┈┈┈┈┈┈┈┈┈┈┈┈┈┈┈┈┈┈┈┈┈┈┈

┈┈┈┈┈┈┈┈┈┈┈┈┈┈┈┈┈┈┈┈┈┈┈┈┈┈┈┈

┈┈┈┈┈┈┈┈┈┈┈┈┈┈┈┈┈┈┈┈┈┈┈┈┈┈┈┈

🔊))) 第三節　店慶的有獎促銷策略

有獎促銷是商場根據自身的銷售現狀、商品性能、消費者情況，通過給予獎勵來刺激消費者的消費慾望，促進其購買商品，達到擴大銷售增加效益的目的。

一、有獎促銷優點

1.便於控制促銷費用

在所有的促銷工具中，能夠事先確定全部活動經費的很少，但是競賽抽獎活動卻可以通過事先的經費預算，對所需的全部費用做到心中有數。與其他一些促銷工具不同，競賽抽獎的費用一旦確定之後就大體固定，不會變動。顯然，這對統籌超市全部的促銷費用、保證促銷的順利進行是很有利的。

2.有效促進超市的銷售量

競賽抽獎能推動銷售量的迅速上升，尤其是對某些滯銷的老商品來說，在刺激其銷售量增長方面表現頗佳。有獎促銷有助於提高超市的知名度。在有獎促銷期間，凡是有關者都會關心誰得獎、得什麼獎，這樣超市從開始到結束不僅可以得到廣泛的免費廣告，而且可形成口碑，通過非正式管道迅速傳播，提升知名度。

有獎促銷有利於配合超市其他促銷活動的開展。消費者通常對於超市有獎促銷會給予極大的關注，從而被吸引到超市中來。這時，目

標顧客就會發現超市進行的其他一些促銷活動，很可能也會參加。這樣，有獎促銷就可以作為一種增加客流的工具輔助其他促銷形式取得成功。

二、獎勵的形式

在促銷的各種工具中，競賽與抽獎的方式最為繁多。它可以使經營者的創造性得到充分發揮，使促銷活動進行得多姿多彩。

由於獎勵的形式可以多種多樣，獎勵的獎品豐富多彩，獎勵的幅度有大有小，所以有獎促銷又是一種較為靈活的促銷方式。它一般分為競賽獎勵和購買獎勵兩種。

1.競賽獎勵

競賽獎勵是通過讓消費者參與有趣的競賽，根據競賽的結果頒發獎金或獎品。這種活動雖然有時與超市的商品銷售不直接掛鈎，但活動的影響力是相當大的。當然，很多時候競賽會與消費聯繫在一起，例如購物滿多少元可以報名參加比賽。這樣，超市通過組織各種特定的比賽、提供獎品，達到吸引人潮，從而帶動超市銷售量的目的。

在設計競賽形式時，一定要注意活動的趣味性和比賽難度的適宜性，同時，還要注意競賽規則的可行性和安全性。所以，它的設計工作較為複雜，管理工作也比較困難，加上參與者、獲獎者與購買超市商品沒有直接關係導致目標顧客的針對性不強，這就要求必須精心策劃，週密準備，方能取得最佳的效果。

競賽促銷更能吸引消費者，為消費者傳播一種娛樂購物的理念。以獎金形式刺激消費者，會使消費者在購買商品的同時得到一種意外收穫；以獎品的形式刺激消費者，會使消費者有具體的感受；以抽獎、

競賽等形式獎勵消費者，會使消費者有更強的依賴性。

2.抽獎

　　每個節日促銷手段都大同小異，最重要的是要突出這個節日的氣氛，這就必須由獎項設置、媒體宣傳、廣告引導等來完成，其中獎品的設置應突出節日氣氛。抽獎促銷通常是消費者從報紙、雜誌或直接從超市店鋪裏得到抽獎活動的參加表，根據其要求將姓名、位址等內容填好後寄往指定的地點，然後在預定的時間和地點通過隨機抽取的方式，從全部參加者中決定獲獎者。這種方式是抽獎中最普通的一種方式。又如購買抽獎，消費者凡是購買商品或購買商品達一定額度均有獲獎的機會。

　　某商場的抽獎促銷活動如下：

　　顧客在活動期間一次性購買活動商品滿 300 元,可憑單張收款條摸獎一次：

　　摸得黃球，可獲得價值 50 元的指定禮品一份；

　　摸得綠球，可獲得價值 100 元的指定禮品一份；

　　摸得藍球，可獲得價值 150 元的指定禮品一份。

　　一次性購買活動商品滿 600 元,可憑單張收款條摸獎 2 次,多買多摸,以此類推(單張收款條最多摸 3 次)。

　　抽獎有時可以將中獎率設定為 100%,即各級獎勵不等,但張張券均有獎,這在一定程度上相當於禮品贈送。當然,如果獎項較大,就要設定允許抽獎或摸獎的條件,如購物滿多少元。

　　例如,某商場在一次店慶促銷期間(3 天)規定,凡在店慶 3 日累計購物滿 1000 元,購大家電、黃白金累計滿 5000 元,即可憑購物票據到總服務台參加摸球活動,中獎率 100%。

　　具體方法是：顧客憑購物票據到摸獎處摸獎,每 1000 元為一次；

大家電、黃白金累計購物滿 5000 元摸一次,每票最多摸 10 次。獎金以顧客抓出玻璃球的數量確定,每個球 1 元,抓多少,送多少。超市現場製作獎券,經財務登記、蓋章後,發給顧客。此獎券可在全超市通用。

三、獎品選擇

競賽與抽獎活動的吸引力主要是獎金或獎品。獎品組合採用金字塔形,即設定一個高價值的大獎,接著是中價位的獎品,最後是數量龐大的低價位的小獎品及紀念品。

好的獎品選擇,必須考慮以下兩個方面的因素:

1.獎品的價值

在設計獎品價值時,應以小額度、大刺激為原則,對抽獎促銷的最高資金不能超過政府規定,所以獎品不能靠高額度的大獎取勝,而應靠獎品的新奇和獨特取勝。

2.獎品的形式

獎品組合中一定要有一兩個誘惑力很大的大獎,二等獎的數量要稍多一些,與頭等獎的價位不能相差太多,這樣有利於激發顧客的積極性,更好地加入到活動中來。

四、規則制定

超市的競賽與抽獎活動取得成功的基本保證之一就是有嚴格、清晰、易懂、準確的獎勵規則。由於消費者對有獎銷售的具體方式有自己的理解,並且這種理解的差異性很大,要求超市每次都必須將具體

規則公之於眾，並受公證機關的監督。

　　一般而言，超市在進行有獎促銷活動時要向消費者公佈具體的活動內容：

- ・有獎銷售活動的起止日期。
- ・列出評選的方法並說明如何宣佈正確的答案。
- ・列出參加條件、有效憑證。
- ・列出獎品和獎額。
- ・標示評選機構以示信用。
- ・告知參加者與活動有關的所有資料。
- ・中獎名單的發佈公告。
- ・說明獎品兌現的贈送方式。

　　例如：設置 4 個透明有機玻璃摸獎箱，每個摸獎箱內裝摸獎的玻璃球。顧客手背向上，一次性摸出多少玻璃球即贈送相應金額的購物券（經過實驗，一般一次能抓出 18～23 個球，最多能抓出 25 個玻璃球）。

　　活動規則一旦確定並公佈以後，超市必須嚴格按照規則履行自己的承諾，而不應以任何理由改變規則或不予兌現。否則，不僅損害了消費者利益，也是對超市形象的一個極大傷害。

五、費用預算

　　在策劃有獎促銷活動時所發生的促銷費用主要由以下三個方面構成：

1.活動宣傳費用

不論是競賽還是抽獎，或其他形式的促銷活動，都需要組織廣泛

而有力的廣告宣傳活動，以喚起廣大公眾的注意與興趣。宣傳費用投入的高低，決定著該項活動是否廣為人知，直接影響著活動的效果。

2.獎品費用

在設計獎品費用時，要綜合考慮促銷的商品、促銷活動的主題，以及開展活動的地區與促銷費用總預算等諸多因素。同時，也要注意實物獎品往往比現金獎品更能節省獎品費用。因為現金獎品沒有打折的餘地。

3.其他費用

超市有獎促銷的費用還包括表格和其他印刷宣傳品的印刷費用，來件的評選處理費用及其他費用如稅金、保險費、公證費等。

如何籌集、運用、監控有獎促銷活動的費用，也是有獎銷售整體策劃內容之一。通常超市在籌集資金上可以採用自有資金，也可以與廠商合作或尋求其他贊助等方式來取得資金。

心得欄 _____

_____

_____

_____

_____

🔊 第四節　店慶的廣告策略

廣告是超市主題促銷的重要手段，通過廣告媒介可以樹立超市獨特的形象。

在樹立獨特形象方面可採取以下幾種策略：

第一，借助電視、報紙等大眾傳播媒體，推廣公司的總體形象，使消費者對超市產生認同感，並激發其購物興趣。

第二，利用超市的「看板」誘導顧客。

第三，將公司的配貨車裝飾成商用宣傳車，使之發揮流動廣告的作用。

第四，開發自設產品系列，如香港的百佳超市將其銷售產品命名為「百佳牌」，這對於樹立獨特形象具有重要作用。

第五，組織社區活動，與社區內的居民、廠商、社會機構保持經常的溝通，以建立和維持相互間的良好關係，擴大超市在社區內的影響。

第六，運用多種廣告形式。

除了報紙、電視等主要廣告媒介外，還可運用店頭廣告、表演性廣告和口傳資訊等多種廣告形式：

——店頭廣告。就是在商店內及店門口所製作的廣告。一般可分為立式、掛式、櫃頭用式、牆壁用式 4 種。

在現代社會裏，人們的交際越來越廣，往來越來越頻繁，因而口傳資訊對消費者行為的影響就越來越大。所以，商店在花錢大做廣告

的同時，不可忽視這種「義務廣告」。超市要爭取顧客，擴大銷售，在激烈的市場競爭中站穩腳跟，應當積極地擴大正面的「義務廣告」，消除負面的「義務廣告」。

· 尋找出每種商品的創新者和早期採用者，設法摸清這些人的特點，投其所好，對其實施重點銷售攻勢。要通過他們的採用，影響更多的人採用。

· 拿出價廉物美的商品來。消費者同別人談起購買的商品時，不外乎是質量和價格兩個方面。質量好且價格低廉就褒，質量差而價格高昂就貶。因此，只有商品質優價廉，才能使消費者覺得購買的商品合算，才會樂意去做正面的「義務廣告」，招引別人也來購買。

· 提供優良的服務。商店的購物環境優美、服務項目多、服務態度好，就會在顧客心中留下一個美好的印象，商店的名聲就會傳揚出去。傳揚出去的就是曾在這裏得到了優良服務的顧客。因此，商店一定要與顧客保持友好關係，這是為了一方面吸引顧客下次再來；另一方面讓這些顧客去為商店做正面的「義務廣告」。

——POP 廣告。其英文原意為賣點廣告，其主要目的是將店家的銷售意圖準確地傳遞給顧客，在銷售現場直接促進顧客即時購買的衝動。

廣告的作用主要是向目標顧客傳遞產品或者服務的各種資訊，這是商品或者服務接觸消費者必要的手段。

——對顧客發放促銷小廣告：

尊敬的顧客，××超市開張，得到了廣大顧客的認可和支持，為了回報廣大顧客的厚愛和迎接中秋的到來，本超市在今後 3 天進行如

下回報活動。

……

使用這種促銷手段可以使顧客通過口口相傳達到一傳十，十傳百的效果，對於造勢和絕對的銷售額是很有效果的。它可以在 3 天的銷售中讓對手根本沒有反應的機會，同時更能給顧客一個很深的印象。

🔊 第五節　店慶的促銷策劃重點

一套促銷方案不是單一的促銷手段和單一的促銷功能，應該是多種促銷手段的有機結合，使促銷的戰略功能與戰術功能的有機結合。也就是既要考慮有效提升銷量的戰術層面的作用，又要考慮到有效提升品牌形象和忠誠度的戰略層面作用。成功地策劃一次店慶促銷活動要把握好以下幾點：

一、主題明確

主題明確是任何一次促銷活動的基本要求，店慶促銷時也是一樣。類似「塑造新形象，迎接新挑戰，再創新輝煌」之類的主題並不能體現出企業具體的意圖。

某百貨商場在 56 週年店慶時，將營銷活動分兩部份開展：一是以「流金歲月，放心為魂」為主題的企業文化叢書首發及宣傳活動，重在宣傳企業的文化理念，增強信譽感，二是以「店慶狂歡，震撼讓利」為主題的促銷活動，採取高毛利大類商品 5.6 折，低毛利大類商

品進價加 5.6 元或 56 元的促銷方式。

在強大的媒體宣傳及各方面因素的推動下，活動實施 4 天，商店銷售額同比上升 150%，其中活動最後一日銷售額創該店建店以來單日銷售新高。

二、宣傳企業

店慶促銷不同於其他節日促銷的一個地方，就是它是本企業所獨有的，因而也是一個很好的宣傳企業的時機。事實上，商場在店慶促銷時往往會配合大量的企業宣傳，以加大企業的影響力。

仍以上例來看，營運部在制定促銷方案時，強調了 56 週年店慶的核心概念，並在企業文化宣傳和店慶促銷兩個方面同時加以體現。企業文化宣傳以店慶當天，一部總結 56 年企業發展理念的《××店企業文化叢書》首發贈書儀式為核心開展現場公關活動，並以櫥窗、大廳展板、一店服務品牌展示活動等輔助形式直接對 56 週年店慶的概念加以宣傳。

三、概念出新

店慶促銷每年都有，如何讓每年的活動都耳目一新，如何與其他企業形成鮮明的對比，就要靠製造獨特的概念，並將促銷活動的實施細節與之結合起來。

在上面的促銷案例中，整個營銷方案處處突出 56 週年店慶的原創概念，而這是其他商家所無法模仿的。促銷方案以地下超市與商場聯動實施，高毛利大類商品統一折扣酬賓，低毛利大類商品統一成本

價銷售；再加購物滿額贈禮的促銷形式，並採用了 5.6 折、進價僅加 5.6 元或 56 元及購物滿 560 元送價值 56 元禮品的方式。

在活動實施階段，無論在電視媒體、報紙媒體還是售點媒體，均處處體現「店慶狂歡，震撼讓利」的主題，儘量將參加促銷的各商品大類具體化，特別突出「5.6 折」、「5.6 元或 56 元」、「560 元」等數字，從各個方面做足了「56」的原創概念，與 56 週年的主題十分吻合。

四、媒體策略

由於店慶節日的特殊性，往往都比其他節日的媒體投放力度要大，而媒體策略對促銷活動的成功與否也起到了重要作用。總的來說，店慶促銷的媒體策略要注意以下方面：

第一，媒體導入應當逐步推進。首先從企業的整體形象推進，作為一個有力的切入點，從電視媒體入手。報刊長篇的通訊報導作為引導，此類報導最好頻率大一些。每次的報導應當在顯要位置突出顯示活動的 VI（活動標誌）。

第二，在商品促銷資訊的宣傳上，要按照輕重緩急，分別給相關資訊不等篇幅的軟/硬廣告。在商品資訊類廣告的載體上應當加大品牌的曝光比例，通過品牌拉動顧客的新鮮感。可以結合賣場的實際狀況，在最新引進的品牌上下工夫。有的商場在店慶促銷時，把品牌獻禮作為一個媒體投放和吸引顧客的側重點，以品牌展示的方式拉開整體活動的序幕，取得了很好的效果。

第三，在戶外廣告方面，可以在樓體的外面以「××商場××週年店慶」為主題懸掛巨幅兩條；賣場的 POP 應力求傳達節日的視覺效

果,在所有的 POP 上都應標註商場週年店慶 VI;在每個樓層的樓梯口,均採用落地的支架廣告,重點介紹整體活動和各樓層的部份資訊,同時在各個賣場,商品比較集中的區域將所有參加活動的品牌標註,以增加節日和促銷的氣氛。

第四,廣播廣告以節日活動的形象宣傳為主,不要特別播出價格資訊。

第五,超市和家電、電子可以採用 DM 方式進行直投,發佈的數量較平常應當有所增加,DM 上要標注活動 VI。

第六,網路廣告要全面更換週年慶典的內容,可以分時間段推出,相關欄目全面報導所有的價格資訊和活動資訊。

五、促銷活動體現主題

每一個週年店慶都是獨特的,促銷活動的具體內容應儘量體現主題,例如 10 週年的店慶活動要儘量用「10」的概念,5 週年店慶要在促銷活動中儘量使用「5」的概念。下面是一個商場的 3 週年店慶促銷活動,其中多項活動都用到了「3」的概念:

◎驚喜店慶日,大禮送不停

活動期間在××商場購物的顧客,購物就有大禮贈送。不同金額,不同驚喜:

購物滿 33 元送……

購物滿 3×33 元送……

購物滿 6×33 元送……

◎同喜慶,三「緣」同送

⑴三歲的兒童購兒童類商品均贈送玩具一個;其他年齡兒童購兒

童類商品滿 100 元的，贈送玩具一個（戶口名簿為憑）。

⑵生日為 9 月 16 日的顧客，到××××購買商品贈送生日禮物一份（以身份證為憑）。

⑶在 9 月 16 日結婚的夫婦，到××××購物就送結婚紀念日禮物一份。

◎「進門有喜」

另外，9 月 16 日，進店前 333 名消費者可領取三張 10 元代金券。

◎獻 3 元愛心，中甜蜜獎品

店慶當日在商場前廣場設紅十字愛心捐款箱，凡顧客當場向社會捐出 3 元錢即可參加摸獎遊戲 1 次，中獎率為 50%，獎品為價值不等的現金券。

六、店慶的促銷手段分析

由於店慶促銷有擴大企業影響力的特殊目的和功能，在促銷手段上，往往在打折、買贈等常規營業推廣的手段之外，都會更多地採用公關、文化等促銷手段。

1.公關活動

公關活動對樹立企業形象、贏得顧客信賴具有重要的作用。某商場在 2 週年店慶時舉辦了「1%公益金愛心奉獻活動」。

在 11 月 1～30 日店慶期間，在商場內舉行「聾啞學校、盲校學生作品及學習生活照片展覽」。針對這一特殊群體在他們的領域裏自強不息的生活學習情況，商場在這一期間舉辦「1%公益愛心奉獻活動」，顧客只要將自己的購物票據投在募捐箱內，商場就會將顧客投票金額的 1%作為愛心公益捐獻給這兩所學校，來提高他們的學生生

活質量。屆時該公司還將抽出 10 名幸運顧客一起走訪這兩所學校，共獻一片愛心。

另一商場在 41 週年慶典時，正值搬遷 1 週年，舉辦了長達 43 天的店慶促銷活動。整個活動以一個公關活動「『××杯』2000 年「學子創業創意大賽」為經線來展開，以 6 個階段性營銷活動為緯線貫穿整個慶典活動。

攻關活動的主題是「10 萬元創業 3 年後資產達到 500 萬」，時間從 8 月 15 日持續到 10 月 1 日。具體內容是：與市政府、等政府職能部門聯合舉辦，由××集團出資冠名。評選所產生的一等獎，可由××集團對其進行風險投資，讓學子按其創意進行創業，並關注其發展。

2.文化活動

文化活動也是店慶促銷活動常常採用的促銷手段之一。某購物廣場在 6 週年店慶活動中舉辦了一次徵文活動，大大提升了企業的影響力。

該次徵文活動以「隨想××」為主題，從 9 月 15 日至 10 月 15 日持續一個月的時間。

徵文要求通過文字講述××廣場開業 5 週年以來鮮為人知的故事。徵文自 9 月 15 日起，截稿日期為 10 月 15 日，參賽者可以通過信件郵寄、親自送至××購物廣場總服務台或者以發送電子郵件的方式提交自己的文章。

徵文設一等獎一名，獎品為價值 200 元的××購物親情卡一張，××會員積分卡一張（贈送積分 500 分）；二等獎三名，獎品為價值 100 元的××購物親情卡一張，××會員積分卡一張（贈送積分 200 分）；三等獎五名，獎品為價值 50 元的××購物親情卡一張，××會

員積分卡一張（贈送積分 100 分）；紀念獎 10 名，獎品為××會員積分卡一張。

　　獲獎名單於 10 月 20 日以前在企業網站上公佈。為了擴大影響，企業網站專門開闢專欄，收集相關作品，刊登徵文比賽的相關細節問題，並且還於 9 月 15 日至 9 月 22 日在廣播電台連續一週滾動播出了一系列廣告。

3.贈送禮品

　　贈送禮品也是百貨商場店慶促銷活動中常用的促銷手段。某購物廣場將其 4 週年慶企劃主題定為：「××商場四週年，快樂購物三重奏」，其中有兩項就是對顧客的贈送活動。具體內容如下：

　　第一重奏──壽星有賀禮：凡 9 月 10 日出生的顧客憑身份證複印件和原件，到××商場就可獲得××會員卡一張和喜糖一袋；

　　第二重奏──教師得喜禮：9 月 10 日出生的本市現職教師憑教師證原件，到××商場就可獲得××會員卡一張和喜糖一袋！

　　此外，抽獎、打折等手段也都幾乎是店慶促銷活動中必不可少的促銷手段，有的還會在店慶期間延長營業時間。這些手段在各種促銷活動中運用得非常廣泛。

◀)) 第六節　店慶促銷策劃方案

案例 1：某超市四週年店慶促銷方案

一、活動目的

在前幾年店慶的基礎上，更進一步地加深超市與顧客間的友誼，真真切切去關心社區朋友，為有需要的人們獻一份愛心，從而樹立超市關愛社區的企業形象，並在短期內提升超市的營業額。

二、活動時間

12 月 15 日～12 月 31 日

三、活動主題

情定四週年　愛心滿××

四、活動地點

××超市

五、活動準備工作。（略）

六、活動內容

第一部份：瘋狂情節

(一)主題活動

1.瘋狂主題

　激情從此開始

2.活動時間

　12 月 15 日～12 月 31 日

3.具體內容

購物滿 100 元，獻愛心 1 元送當令生鮮商品一份（價值 5 元左右），團購不參加，單張票據限送二次。

4.贈品選擇

雞蛋、蘋果、活魚、鮮肉、粽子、吐司麵包、牛奶。根據去年店慶的銷售額與交易數，大於、等於 100 元的交易數為 30000 次左右，根據「限送二次」換算，次數達 40000 萬次。今年店慶銷售目標是交易數增長 15%（參考隨機計算同期交易數的增長率），今年需贈品數 46000 份，加備量 2000 份，預計量 48000 份。

贈品相關事宜：

品名	數量	單價（預計）	供應商贊助量	門店自備量	費用(元)
雞蛋	6500	4.5 元/份	3250	3250	
蘋果	6500	4.5 元/份	3250	3250	
活魚	6500	4.5 元/份	3250	3250	
鮮肉	6500	4.5 元/份	3250	3250	
粽子	7000	4.5 元/份	3500	3500	
吐司麵包	7500	4.5 元/份	3750	3750	
牛奶	7500	4.5 元/份	3750	3750	
合計：	48000		24000	24000	

5.贈品落實部門

生鮮部

6.部門分工

⑴企劃部根據生鮮的談判結果進行贈品準備及贈送現場的裝飾和場地的準備。

⑵理貨組，每天提供人員 3 名，協助總台對贈品進行發送及贈品

的陳列工作。

⑶總台根據贈品的數量,進行每天的等比分配,保證贈品數與活動期同步進行。

7.活動宣傳

場內:帶「活動內容」的吊旗製作和安排懸掛工作。

對外:店慶專刊、社區輔助宣傳等。

8.設想分析

通過此類活動,烘動人氣,在有限的來客量裏提高客單價,從而增加銷售額。

(二)形象活動

1.活動主題:承諾再續

2.具體內容

⑴我們向您承諾:若您在購物後 15 天內,在××市任何同類型超市發現同樣商品價格更低廉的,我們將給予退補差價。

⑵我們向您承諾:在購物後 10 天內,如您對商品不滿意,可以無條件退貨(除消協規定商品外)。

3.宣傳和推廣

⑴超市主入口處,用顯著的標語提示!

⑵利用店慶的 DM、海報、生鮮早市海報等超市宣傳途徑,不斷地對顧客進行提示,樹立企業的形象。

4.設想分析

此承諾在去年店慶後推行的基礎上,通過廣播、橫幅等宣傳方式,更強的力度來提高××超市的價格形象,本著「平實可信的價格」服務宗旨,真真正正地維護××超市的價格誠信度。

(三)重點大類，促銷活動

1. 保健品

⑴促銷主題：以舊換新。

⑵活動時間：12 月 15 日～12 月 31 日。

⑶促銷內容：購買本超市的任何一款保健品，憑收款票據，加產品的外包裝(或舊包裝)可抵換現金 3 元。

⑷分工：

①理貨：與參加活動的各供應商談判，要求退換商品舊包裝所需的費用由供應商分擔。

②企劃：

・宣傳：除以上宣傳手段外，另外加上報刊宣傳。

・準備顯眼的兌換場地及佈置。

・台帳表格的提供。

・活動結束後費用的清算工作。

③總台：現場兌換工作的實施；每日台帳登記。

⑸設想分析：

保健品是超市銷售重要的一部份。又逢春節，更是保健品熱賣的大好時機，因此針對這個大類推出以上活動。

2. 家電

⑴促銷主題：觸「電」大行動。

⑵活動時間：12 月 15 日～12 月 31 日。

⑶促銷內容：全場家電特價，並跟供應商協調，爭取與各類商品相關的贈品。經過賣場家電區氣氛的樹造及贈品的展示，來吸引人氣。

⑷活動分工：

・理貨組：與供應商談判，讓利促銷及贈品的準備。

· 企劃部：家電區裝飾，突出節日促銷的氣氛。

(四)特價

1. 店慶價商品

⑴促銷主題：將降價進行到底。

⑵活動時間：12 月 15 日～12 月 31 日。

⑶商品數量：300 個左右。

⑷活動分工：

①各理貨組談判，準備特價清單，比例為 3:6:7(生鮮、食品、百貨)。 (提示：準備特有優勢的一批作為 DM 商品，數量為 80 個，各種 DM 商品比例根據價格優勢而定。)

②企劃：DM 的排版和製作工作；店慶價標識設計和製作。

⑸設想分析:店慶商品的選擇根據當令季節和消費者消費動向來定。讓顧客真正感覺到店慶活動在進行中並得到真正的實惠。

2. 每日衝浪價商品

⑴主題：激情放縱，超值感覺。

⑵每日一物。

⑶分工：

①理貨組準備商品 16 個(分配比例為 3：6：7)。價格尺度絕對低。

②企劃：衝浪陳列區準備與裝飾；DM 首版製作；衝浪商品畫報製作；每天更換工作。

⑷設想分析:以低價為主，體現商品的廉價為目的。如油、棉拖、大米、雞蛋、水果等。通過廉價的犧牲性商品的大幅度的宣傳提示，來吸引更多的人氣，達到店慶的目的。

第二部份：懷舊情節

(一)徵文活動

1. 內容：向社會徵文，題目「我與××店的故事」。目的是收集各方的優秀文章，裝訂成小冊子，作為超市刊物。

2. 目的是體現企業文化，增進彼此交流。

(二)友情聯絡

1. 內容：篩選出 6 月 1 日前，曾經來本超市購物達 6 次以上，金額達 2000 元以上的會員，寄一封慰問信(內容：郵報、禮品券、會員卡填寫資料)。憑資料與禮品券於次年 1 月 10 日前來換取會員卡和禮品各一份。

2. 設想分析：利用會員卡和禮品的吸引度來煽動購買力強的會員來本店消費。

(三)愛心活動

1. 愛心辦卡

⑴活動主題：給愛一個釋放的空間。

⑵活動時間：12 月 15 日～12 月 31 日。

⑶活動內容：5～30 元不等辦理××會員卡。會員卡收入除 1 元的成本外，其餘作為愛心捐款。

⑷活動分工：

①企劃部：向總部申請，1 元辦卡活動；數量根據情況定；製作辦卡台(要求：商業氣氛少，具有濃厚的公益性)和捐獻箱(規格大，最好透明，上面要有公證單位的提名)。

②理貨組協助總台安排現場辦卡人員。

⑸此活動一方面是要挖掘顧客的自發心理，動員他們獻出自己的一份愛心，自由選擇捐獻金額；另一方面，普及會員卡，增加商場的

來客量。

2.愛心起點站

⑴起始時間：12 月 31 日。

⑵內容：給週邊社區雙下崗工人、沒生活來源、病人、殘疾人等困難人員提供幫助和物品支援(選定需幫助對象 100 人)。

⑶物品：油、棉被、米。

⑷物品費用來源：

①倡導社會獻愛心，動員顧客來辦會員卡，會員卡除去成本外，其餘的收入作為贊助的一部份。

②供應商贊助一部份。

③準備一部份愛心商品，內容是凡購此類商品一份，就獻愛心一份，將其中的一份利潤用於贊助(例如 1 元、各 2 元等)。

⑸分工：

①理貨組準備愛心商品名錄(商品數量暫定 10 個，建議：選高毛利的，或者是能向供應商爭取讓利的)；根據現場安排陳列。

②企劃部為愛心商品陳列區進行裝飾，營造「愛心」氣氛。

第三部份：互動情節

(一)聯營專櫃的促銷活動

1.活動內容

店慶期間，開門營業前 100 名顧客，憑 DM(或是報紙)上的廣告，可花 1～5 元購買 50 元左右的商品一件(商品：被套、枕套、衣服、茶葉、洋參等)。

2.要求

每個租賃商與聯營商都需要參加，活動費用通過商品或現金形式分配。特價品達 1600 份。

3.補充活動

　　特價或打折。

4.分工

企劃部進行特價品籌集。

(二)供應商買贈活動

　　分工：由理貨組籌集並上報活動內容；企劃部根據上報的活動進行安排。

(三)店慶拍賣

　　聯繫××拍賣行，通過互動活動來烘托現場氣氛，如遊戲、限時搶購等活動。

七、費用預算（略）

案例 2：真情奉獻六週年慶

一、活動主題：創業六年，真情奉獻

二、活動時間：××年 6 月 12 日～7 月 12 日

三、促銷執行部份

(1)執行時間

6 月 12 日～7 月 20 日。

(2)執行門店：超市公司所有分店。

(3)執行要點

①六週年系列促銷活動（積分、商品特賣）。

②六週年賣場現場的氣氛佈置及裝飾。

(4)具體執行

促銷 事項	充分備足第一期的特賣商品貨源；(根據採購部發放的特賣商品清單)。 對特價商品進行端頭、堆裝陳列，做好特賣物價牌、POP 標誌。 對於特賣商品出現缺貨的現象，於 4 小時內向採購部反饋。
執行 要求	1. 六週年特賣商品的標誌粘貼要求 　根據採購部提供的特賣商品清單，對於要求貼「超市六週年特賣商品」的標誌，統一將標誌貼在商品的正面右上方，部份形狀不規則的商品，門店可根據實際情況而定，但必須保證整體美觀性。 「超市六週年特賣商品」的標誌由採購部統一製作發放，門店負責接收。
執行 要求	2. 6 元商品特賣區(從第二期開始) 　對於 6 元特賣的商品，由採購部統一配置(數量、包裝、條碼)，門店負責接收商品。 　對於 6 元的商品特賣區，門店必須進行突出堆裝陳列，採購部將配置相關的特賣標誌。
執行 要求	3. 團購的商品特賣(從第二期開始) 　對於團購商品(夏令用品等)，由採購部統一配置(數量/包裝/條碼)，門店負責接收商品。 　門店必須對團購商品突出堆裝陳列，採購部將配置相關的團購特賣標誌及洽談標誌。 　廠商商品促銷專場特賣 　對於廠商促銷專場特賣的商品，有位置的門店必須配合相應的裝堆或端頭陳列，突出量感。
完成 時間	第一期商品特賣：6 月 11 日 22 時前，第二期商品特賣：6 月 23 日 22 時前。
材料到 位時間	「超市六週年特賣商品」標誌；6 元商品特賣區標誌等材料均於促銷活動開展前的 2 天到位。

四、促銷活動系列一：

①促銷主題：6 週年超值商品大集會——商品熱賣

②促銷時間：第一檔期，6 月 12 日～6 月 25 日

　　　　　　第二檔期，6 月 26 日～7 月 12 日

③門店執行細則如上表

五、促銷活動系列二：

①促銷主題：6 週年瘋狂集點送

②促銷時間：6 月 12 日～7 月 12 日

③促銷地點：各分店

④促銷內容：凡一次性購物滿 50 元的顧客，憑收銀單據，可抽取 5～50 分等不同的積分獎卡，多買多送，最高限送 5 張，積分獎卡可累計使用，於 7 月 20 日前，積分卡獎券兌換結束。

⑤積分獎項：

積分累計滿 20 分　　　贈送會員卡一張

積分累計滿 50 分　　　贈送週年慶紀念品一份(毛巾)

積分累計滿 80 分　　　贈送××牌洗髮露

積分累計滿 100 分　　贈送 50 元的消費獎券

積分累計滿 200 分　　贈送 100 元的消費獎券

積分累計滿 400 分　　贈送 200 元的消費獎券

積分累計滿 600 分　　贈送 300 元的消費獎券

積分累計滿 800 分　　贈送 400 元的消費獎券

積分累計滿 1000 分　　贈送 500 元的消費獎券

門店六週年佈置推廣執行時間表

時段	特色項目	具體事項	執行時間
週年慶第一期	週年慶氣氛佈置	週年慶專製的門面條幅、吊旗、海報、貨架貼等佈置	6月5日起
	週年慶光碟	週年慶第一期的播音光碟（門店按時播放）	
	門店清潔工作	各門店須對燈箱、商場玻璃、吊頂等各區進行徹底清掃，6月14日前完成	6月14日前
週年慶第二期	週年專製材料啟用	年慶專製的馬夾袋、氣球到位，門店開展執行	6月20日前
	週年慶巨幅啟用	部份門店的週年慶巨幅啟用	6月20日前
	週年慶條幅啟用	各門店週邊統一懸掛六週年宣傳豎幅	6月20日前
	標誌更新	採購部對破舊的 VI 標誌進行更新（部份門店）	6月20日前
	週年慶光碟	週年慶第二期的播音光碟（門店按時播放）	6月24日起
	現場氣球佈置	各門店根據週年慶製作的氣球，規劃現場進行氣球裝飾6月24日起	6月24日起

第 **4** 章

商場春節的促銷

　　春節是最重視的節日，而春節的重要性用「一年之計在於春」來形容是再恰當不過了。

　　在商店賣場業，春節前後半個月檔期的銷售額是一年中的絕對大頭，這個比例甚至佔到 30%。因此，做好了春節期間的促銷工作，不僅能為以後的銷售開個好頭，全年的銷售任務也有了保底的本錢。所以，每逢春節，各商家就早早拉開陣勢，使出渾身解數搶奪市場，策劃春節促銷活動。

🔊)) 第一節　如何開展春節促銷

　　人們過春節的習俗是從農曆臘月初八到正月十五，在春節前後一個多月的時間是全年銷售最高峰的時段。在春節前一個月就開始準備

促銷事宜。節日促銷獨特之處就是利用節日氣氛進行促銷活動，渲染購物氣氛。因此，春節期間的節日促銷最重要的就是烘托春節促銷現場的購物氣氛。以下是春節促銷時的一些要點。

一、促銷期限的確定

春節促銷一般是在節前節後半個月，共一個月左右的時間，但近幾年促銷期限有延長的趨勢。有時甚至從耶誕節過後就開始了，一直持續到正月十五的元宵節。春節有時與元旦距離較近，因此不少商家的促銷活動從元旦就開始了。

一般而言，可以從春節前一個月時間就開始宣傳春節促銷事宜，以便吸引更多的消費者前來購買。春節過後一直到元宵節也是眾多零售超市百貨促銷的較佳時期，大多數消費者沉浸在春節的氣氛中還沒有完全退卻，因此春節促銷還可以持續。

二、熱點商品的選擇

促銷的商品選擇項目，也是非常有講究的。一般而言，食品、飲料、米、麵粉、各色乾果、禮品糖、洋酒等都是特點商品，針對這些商品進行促銷會取得較好的銷售效果。

春節前夕，超市的食品、飲料、米、麵粉銷量再創新高。節前兩三天年貨銷得特別好，客單價明顯上升，各色乾果、禮品糖、洋酒、飲料幾乎進多少賣多少。早上剛剛壘起的瓜子山、糖果山，不到半天就被夷為平地。顯然，春節促銷的價格優惠也應該針對這些商品來進行。

三、延長營業時間

　　春節前，為了方便各界人仕，許多商場都會延長營業時間。雖然延長營業時間增加了賣場的成本，但是卻能塑造賣場方便顧客的形象。畢竟越靠近春節，人們購物的量越大，所需時間也越長。而春節前兩週，晚間 10 點以後的銷售往往會突飛猛進。

　　春節前，大型超市不約而同地延長了營業時間，最少延長 1 個小時，有些店營業時間已延長至零點，方便了上班族採購年貨。在大型超市，晚上 9 點時能容納 300 輛車的停車場仍沒有空位，晚上 10 點到 11 點之間，客流量與平常差不多，11 點半以後才開始下降，延長至零點才能關上門。

　　連鎖超市的大賣場門店，全部實行 24 小時經營。為迎接節前銷售高峰，家樂福超市開始早上開店時間均提前到 8:00，晚上關店時間也後延一個小時，至晚上 11:00。春節前三天營業時間還延長至夜裏 12:00。

　　目前商業領域平均毛利率為 17%，但淨利率甚至連 2%都不到。在利潤如此稀薄的情況下，超市採取延長營業時間的方式促銷，不僅可以爭取更多的利潤，同時也為消費者節日期間的消費提供了彈性時間。

四、營造好的購物環境

　　除了商品價格，購物環境也是吸引顧客的重要條件，包括以下兩個方面的內容：

1.門店裝修改造

春節期間超市往往會提前進行裝修改造。春節前後，超市進行了改造和調整。

2.促銷氣氛營造

促銷氣氛營造主要靠店內佈置以及裝飾物的選擇，商場大部份佈置春節飾物主要是中國傳統的燈籠、對聯、窗花、門神、吊春、紅福、爆竹、燈謎、吊旗等。超市門店裝飾除了要突出春節的喜慶氣氛之外，還需帶有農村的土香土色之味，這是現代人追求的文化氣息。

五、促銷商品的陳列

商場內部的主題陳列主要是年貨（做到大型年貨一條街陳列）、水果、禮品花籃、清潔用品等商品陳列，陳列的方法多種多樣。近年來超市春節促銷陳列方式偏向傳統特色，家樂福超市春節促銷曾用「龍」圖型作為陳列模型，充分體現出中國典型特色，眾多商場開始偏向於更人性化促銷。

六、資訊宣傳

其宣傳媒體選擇報紙、電台、購物雜誌等做宣傳，由市場部統一策劃。宣傳內容主要為春節大型促銷活動、年貨特價等，代表著新春新氣象的新春吊旗、賀年橫幅、加上門店的主題陳列，使整個賣場充滿濃郁的喜慶氣氛，還可以利用壁報、海報、廣播進行宣傳。門店壁報可選擇春節文化和習俗、門店促銷商品、門店的大型促銷內容。海報和廣播主要以商品為主，促銷活動內容也可簡要說明。

在促銷商品的宣傳方面，要數傳統 DM 海報的使用最為普遍。麥德龍、沃爾瑪、家樂福超市，早早地就將年貨品種價格印在宣傳冊中，紅紅綠綠，喜慶氣氛洋溢其間。更將千餘種年貨商品分成 5 類，分別做了 5 種宣傳單頁。在《新春佳節裝飾品專刊》裏囊括了百餘種特價供應的各式燈籠、卡通畫、春聯、吉祥掛牌、中國結、各種紅包等，可滿足專業場所和居家裝飾需求。

■))) 第二節　春節促銷的手段

在所有的節日當中，春節促銷的力度、促銷規模是最大的，銷售額也是最大的，當然使用促銷方式也是最多的，春節促銷方式有如下幾種選擇：

一、會員制促銷

會員制促銷是近年來慣用的促銷手段，很多超市在結帳櫃台時都會問顧客「您是否有會員卡」。從會員促銷形式劃分上來看，會員制促銷主要屬於普通會員制促銷。也就是在開業促銷活動或者是店慶促銷時，購滿一定額度，給予顧客一張會員卡，憑此會員卡購物可以享受會員價。也有一些門店會專門推出會員特價商品。超市經常使用會員制促銷，在春節期間，發放了會員卡的超市往往會在通常促銷的基礎上給予會員另外的優惠，例如折扣、返券或贈品、獎品等。

在春節促銷期間推出「紅聯親情卡」，對長期惠顧紅聯的顧客進

行消費獎勵，下面是其具體的促銷辦法：

(1)**發放條件。**

一次性惠顧超市 500 元者均可領取親情卡一張；累計購物達 2000 元者，憑購物小單可再領取親情卡一張。

(2)**消費獎勵辦法。**

領取「紅聯親情卡」的顧客購物消費金額累計達到 1000 元、2000 元、5000 元、10000 元，可以憑親情卡到超市任一連鎖店兌換禮品。

在某個特殊的日子還可能獲得一份特殊的禮物。

會員制促銷除可以吸引一些新顧客外，還可以更有效地保持老顧客光臨，為超市保持一部份忠實顧客。通常採用的優惠辦法就是累計積分，其方法是消費金額累計，當累計金額達到一定額度就有相應的優惠獎勵，可以實現顧客在自己店鋪持續消費的趨勢。

其優惠獎勵有多種不同方法，例如禮品贈送、返還現金等。具體方法的應用和門店本身經營方式和經營理念有很大關係，具體方式要根據門店的不同而有所不同。

二、有獎促銷

有獎促銷可以塑造現場熱鬧氣氛，使消費者感受春節氣息，激發購買慾望。超市有獎促銷主要有以下幾種形式：

1. 滿額開獎

這種促銷手段主要獎勵一次購買額比較大的顧客。通過購買額到達一定額度的顧客一定獎勵，鼓勵繼續購買，而獎勵的方式就是抽獎。這種抽獎一般都有禮品，惟一不同的是獎品價值不同。

例如「新春福臨門」的有獎促銷活動，其活動持續時間為 1 月

25 日至 2 月 7 日，凡在超市購物滿 100 元以上者，均可開「福」一次（註：每張發票最多可開 3 次）。顧客將根據所開「福」面獲得相應禮品。

禮品設置：

‧一等獎：1 名。價值 465 元的電磁爐一台；

‧二等獎：3 名。飛利浦刮鬍刀；

‧三等獎：15 名。玻璃套杯；

‧參與獎：100 名。禮品一份。

這些獎項的設置中應該有個大獎吸引人，大獎的價值與二三等獎相差比較遠，同等相比較很具有吸引力。

2. 刮刮卡

刮刮卡也是抽獎形式的一種，可以通過各種方式推出刮刮卡。有些超市可能給會員提供刮刮卡，或者是給符合當日特殊促銷條件的顧客。比較常用的方法也是通過「滿額」來實現其獎勵目標顧客的。

某超市春節期間推出促銷主題為「溫暖送萬家」的促銷活動，這樣的主題透出溫馨情結，更具有感染力。其促銷時間為 1 月 8 日～1 月 22 日，內容如下：

活動期間，凡在超市一次性購物滿 100 元的顧客朋友，憑當天單張電腦票據可兌換刮刮卡一張，即有機會獲得以下獎品：

⑴送驚喜。

五星級酒店團圓龍蝦大餐一桌（共八桌）；

⑵送平安。

全年意外傷害保額 380 萬元及全年意外醫療險保額 200 萬元一份（共 199 份）。

⑶送愛心。

送愛心禮品一份（共 999 份）。

⑷送溫暖。

環保內衣一套（共 99 套）；

肯德基兒童套餐一份（共 40 份）。

⑸彩頭送。

送福利彩票一張（共 599 張）。

⑹送吉祥。

「年年有餘」火鍋一份（共 99 份）。

⑺健康送。

健康秤一台（共 39 台）；

年糕一份（共 399 份）。

註：1 月 23 日至 2 月 12 日憑刮刮卡可到各門店領取神秘禮品一份，送完為止。

此活動是有獎促銷的典型案例，其獎品冠名「驚喜、平安、愛心、溫暖、吉祥、健康」，處處都透出人性化設計，給消費者親切感，也符合春節的賀詞；禮品和節日氣氛也融合在一起，餐桌、年糕、「年年有餘」火鍋都有很大吸引力。

有獎促銷的關鍵就在於獎品設置。獎項安排一定要吸引顧客前來，只要顧客駐足就達到了其促銷的目的，商場越來越多地傾向採用這種促銷手段。

除了會員促銷、有獎促銷之外，還有許多其他的促銷方式，例如贈品促銷、特價促銷、抽獎促銷、陳列促銷等。

滿額送是百貨商場促銷中最常用的促銷手段，在春節促銷中也運用得很廣泛。「滿額送」中「送」也分為兩種：一種是送券；一種是送實物。春節促銷中，禮券和實物一般都有節日代表性，如禮品有春

聯、燈籠、中國結等，還有代表中國傳統文化的茶品。

　　贈送現金券也是近兩年商場用的較多的促銷手段之一，金額的大小要依據商場自身的實力、商品成本、還有競爭對手等多種因素。

　　另外，依據是否限額也可以將「滿額送」分為兩種，即限額送和不限額送，而究竟是否限額視企業自身的偏好和實力而定。一般限額送的最高限額是其送券或者送禮的上限，例如：在實行「滿 200 送 100（60 禮券＋40 茶券）」。

　　另外，一種不限額的「滿額送」則是買多送多。例如，「滿 200 元送 60 元＋新年禮品一份」，其規則為：凡當日購本商場商品現金部份累計滿 200 元即可贈 60 元抵用券和新年禮品一份，滿 400 元送 120 元抵用券和新年禮品兩份，依此類推，多買多送。

　　促銷方式一般都是綜合運用，商場可根據自身的情況來選取適合自己的促銷方式。

三、娛樂活動

　　春節促銷中也比較常用娛樂活動促銷。現在消費者越來越講求娛樂購物，所以用各種娛樂活動輔助促銷效果更好。在策劃娛樂活動時，要注意突出春節的特點，尤其是能與顧客互動，採用便於消費者參與的活動將取得較好的效果。

　　春節期間，各商場紛紛推出突出過年主題的文化娛樂活動：商場舉辦了拜大年現場抽獎活動、某商場舉辦了拼「福」送好禮活動，舉辦了賀歲新品推展活動，請民間藝術家在共用空間表演了中國傳統藝術剪紙、烙畫、捏泥人，也都舉辦了不同的遊戲、藝術活動相伴春節。

　　商場曾經在一次春節促銷期間舉辦了乒乓球擂台賽、力氣王大比

拼、網球定點入洞比賽、精打細算穿衣猜價比賽、高爾夫球挑戰賽等多場活動，其中的網球定點入洞比賽以不同於平常的比賽規則而增加了比賽趣味性。

此方法也可以使用於新品上市的促銷。如果在春節期間推出新品，這種娛樂促銷方法效果更好，參加活動的顧客會成為商品免費的傳播者。

◎乒乓球擂台賽

凡當日光臨本商場的顧客，無論消費多少即可在服務台報名參加乒乓挑戰賽，13:00～14:00。限 30 人參加。

比賽方式：7 球擂台制。

獎品：獲勝者守擂 1 次成功，可獲得精美禮品一份。守擂成功 3 次以上加送高檔禮品一份。

◎力氣王大比拼

凡當日在本商場消費的顧客，均可到籃球場參加「力氣王」比賽，在規定 2 分鐘時間內掰臂力器的次數最多者獲勝。比賽者 3 人一組。比賽時間：14:00～15:00。

◎網球定點入洞賽

凡當日光臨本商場的顧客均可現場報名參加活動。

比賽規則：在籃球場現場樹立一個門球網，並且在不同的位置寫上獎品，用網球拍擊球入洞，每人 3 球，以最好成績為準。

獎品設立：運動服飾、運動眼鏡。

◎精打細算，穿衣猜價比賽

活動辦法：參與者於 3 分鐘內將本店提供的衣物穿戴整齊，速度最快且猜價最接近實際價格的參與者，即可獲得本店送出的精美禮品一份。

◎高爾夫球挑戰賽

活動辦法：由消費者現場參與，4 人一組。每人限玩一局，每局 4 球。積分最高的消費者可獲得本店送出的精美禮品。

商家為了在節日中加強其與會員之間的聯繫，特準備會員促銷。這種促銷主要是為了刺激會員消費，鞏固固定的消費群。

某商場年末舉辦 VIP 會員「街頭文化 SHOW」活動，具體內容如下：

◎塗鴉

活動辦法：當日消費滿 300 元送白色或黑色 T 恤一件，顧客可在指定地點由工作人員為顧客在 T 恤上畫潮流圖案，顧客如想 DIY（自己動手）亦可。

◎籃球挑戰賽

比賽形式：商場設擂並且有固定的擂主，大家可自由組合進行三對三進行挑戰比賽。挑戰成功的可以發放紀念品。擂主是商場專門僱用的人員。

打折促銷是使用時間最長的促銷方法，一般適合服飾品牌促銷，春節前後大多商場都會使用這種促銷手段。在百貨商場，通常會針對不同的樓層、不同的商品、不同的品牌，有不同的折扣政策。

2005 年春節期間，五樓的部份品牌打折資訊如下：

· Reporter：3～5 折
· Walk MASTER：3～5 折
· POLO 皮夾：3.9 折
· Palise：5 折
· Mexx：5 折
· 巴伯羅納：3～6 折

- ZARA：4～6 折
- TRUSSARDI：女褲 1 折
- VERSACE：全場 5 折
- ARMANI：全場 5 折起

同一年春節，各大百貨商場也均有不同程度的打折。1 月 28 日至 2 月 15 日期間，全場商品 5 折優惠，折後購物現金累計滿 2000 元送 150 元現金，滿 4000 元送 500 元；運動系列滿 3000 元送 150 元現金，以此類推。而百貨專櫃，Calvin Klein Jeans 秋冬貨品 8 折起，古傑師部份貨品 5～8 折，馬天奴皮衣 5 折，馬獅龍 6 折起，NAUTICA 全部皮鞋 9 折。

在春節促銷活動中，百貨商場一般不會單獨採用一種促銷手段，而是多種促銷手段結合運用。例如，與文化娛樂活動相結合，以綜合顯示促銷效果。

春節期間促銷所產生的銷售額，佔全年銷售額相當大的比例，所以在春節促銷時務必做好各項工作，全力以赴做好銷售。

四、採用合適的商品陳列形式

好的促銷商品，必須與匹配的陳列方式和位置相結合才能產生最好的銷售結果。不同的商品應使用不同的陳列造型，食品、服裝、電器的陳列必定不同。食品的糖果巧克力、糧油、餅乾糕點和小食品，又分別適合不同的陳列方式。在陳列商品時要注意以下幾點：

1.陳列造型要有視覺衝擊力

堆碼的優越之處在於有較大的發揮空間,能利用各種 POP 最大限度地表現促銷主題。但是，在熙熙攘攘的賣場內，展示及發揮的空間

總是有限的，要在有限的空間和諸多賣場特定的限制中，如限尺寸、限圖樣、限風格等，尋求到非一般化的、有視覺衝擊力的造型以吸引消費者的注目，其中的獨特創意和堅持創意的工作很重要。

　　某廠商在一次春節促銷活動中以紅色為背景，針對中國傳統新年習俗在堆碼上製作了表現春意的竹篙和表現喜氣的春聯型燈籠的組合，在賣場內眾多的競爭品牌堆碼造型中十分突出，形成強大的視覺衝擊力。但當初，該造型受到了商場的強烈抵制。商場認為造型太樸實，利用天然竹篙，沒有精美感，影響了賣場形象，要求重新創意。經廠商多次溝通堅持，該造型得以保留，最終，該造型獨特的創意給賣場和消費者留下了深刻的印象。

2.基礎陳列要遵循兩項原則

　　陳列包括賣場內所有的陳列點，如貨架、專用貨架、堆碼、特殊造型、冰櫃等的陳列，這些陳列點的常規陳列標準，如上輕下重、先進先出、各種品牌產品按比例陳列等是不難學習到的。此外，在春節促銷活動中，陳列還要注意以下主要原則：

- 一致性原則，指在促銷活動期間所有的陳列點表達的都是本次促銷活動資訊，而不應該含有其他非本次促銷資訊或過時資訊。
- 重點突出原則，指重點表現本次促銷活動的核心品牌、包裝。可採用集中陳列、加大陳列比例、專門設立特殊陳列位等方式來體現。

3.落實責任，做好陳列執行工作

　　在實際操作過程中，認真堅持是做好陳列的關鍵，因為再好的陳列標準和原則都是通過實際的陳列操作來體現的。春節促銷經常遇到的問題是：由於銷量太大，堆放在堆碼或貨架上的產品沒有多長時間

就會被顧客拿光，來不及補貨或補充的貨物無法按陳列標準執行，隨意堆貨；人流量太大，擠壞或拿走了物品，來不及更換、補充等。針對這些問題，除了補充人員、適當安排外，還要隨時檢查、隨時補充。

4.贈品要備足並要保證質量

買贈是百貨商場春節促銷中一種最常用的促銷手段之一。贈品有時候對顧客的吸引力超過了商品本身，甚至成了為「櫝」而買「珠」，純粹為了贈品而購買商品的事時有發生。因此，贈品的選擇及儲備也是相當重要的。

首先要注意的是，選擇的贈品必須對顧客具有一定的吸引力或與商品本身有一定的關聯性；其次，要考慮贈品本身的價值是否符合成本預算，不符合成本預算的贈品一定不是好的贈品；其三，贈品的定制也要像普通商品一樣提前進行安排，以防某些贈品生產廠商由於春節期間訂單過多而停止接單；其四，贈品要視同商品一樣對待，確保按期按量到貨，備足貨；最後，要確保商品和贈品配套，一方面有利於促進銷售，另一方面也是為了避免因贈品不足而引起顧客投訴影響銷量。

5.促銷人員要到位，並進行培訓

眾所週知，促銷人員在促銷工作中起到了很重要的作用，但由於春節期間促銷活動的力度和頻率遠遠大於平時，因此促銷期間對促銷人員的需求更大。為了保證促銷效果，就要求促銷期間促銷人員一定要到位，往往會再招聘部份臨時促銷人員，以免影響銷量。

因為所有商家都在招促銷員，所以對春節期間的臨時促銷人力需求要準確計劃早做準備，提前招收一些素質不錯的人員進行相應的培訓再上崗。這樣一來，既能保證促銷效果，又能最大程度地避免不必要的風險，將春節促銷的效果做最大化的落實和保障。

🔊 第三節　春節促銷的商品陳列促銷

　　商品的陳列直接影響到促銷效果，因而在促銷期間，注重促銷商品的陳列，力求突出節日氣氛，突出商品相關資訊。現在零售業內更是傾向於將陳列作為一種促銷的手段，即用陳列促銷來強調促銷期間商品陳列的重要作用。尤其是對於某種特定商品而言，為了加大對其促銷力度和達到競爭等其他特定的目的，往往陳列本身就達到一種促銷的效果。

　　在春節促銷期間，由於春節和耶誕元旦距離較近，商品陳列主要是借助延續耶誕/元旦陳列的規模，擴大和補充掛網、掛條的數量，主要以陳列常規裝、分享裝產品；貨架陳列形式主要以「產品+貨架貼+春節爆竹」，充分營造出節日的氣氛，其活動成功之處在於產品、氣氛營造與活動宣傳以及促銷贈品。

　　某品牌巧克力在超市的促銷，是陳列促銷中比較經典的促銷案例。其主題是「精緻生活、源自帝王」。為了迎接春節、情人節的到來，提前做好前期的市場旺季銷售準備工作，以前一年產品銷售業績為基礎，爭取從春節開始將銷售業績再創新高。

　　該次促銷推廣活動不是以單純的銷售為目標，最終的目標是為情人節過後的市場淡季期間樹立售點信心獲取售點支持以形成銷售增長，所以，在活動的設計上更多的是要考慮吸引顧客注意，促進記憶，建立好感，因此，此次活動一定要達到「紅紅火火過新年」的熱鬧喜慶市場宣傳氣氛。為此次宣傳需要，特別訂制相應展示掛件等宣傳產

品以增添節日的喜慶效果,以下為此次活動的具體實施方案:

1.促銷陳列的目的

通過對重點促銷商品給予較多較好的陳列位置來吸引顧客,對競爭對手造成一定影響。巧克力在超市春節進行促銷就是出於此目標考慮,以便於保證春節期間產品市場銷售達到預期效果。

2.促銷陳列的準備

所有的應季品種確保在每個銷售點裏有最充足的庫存量,促銷活動的陳列面積必須超過歷史同期的最大,所有活動點安置最充足的促銷導購人員。出於對春節客流量大的考慮,庫存量、陳列面積等都應該充足,動用所有可以動用的資源,以保證持續不斷的買贈、折扣等促銷活動。

3.陳列方式選擇

(1)堆頭陳列

堆頭陳列方式更能體現出賣場的熱鬧氣氛,通過堆頭陳列展現商品優惠程度,這是促銷最常用的陳列方式,因此,巧克力的陳列以堆頭為主。根據賣場規模制定陳列計劃(面積、形式、位置等),主要堆頭擺放 2 平方米堆頭、4.5 平方米堆頭、6 平方米堆頭、10 平方米堆頭、靠牆堆頭等;並按照公司活動計劃要求,隨時為各個賣場店鋪提供海報吊牌、貨架貼、炮燭、促銷贈品等。陳列形式按照公司統一設計要求,並結合賣場店鋪實際面積設計。

(2)主貨架陳列

採用主貨架陳列更能吸引顧客目光。一般來說,主貨架都是在黃金貨架位置,是顧客在賣場中穿行最容易看到的地方。在春節用此種陳列方式促銷,必須做到主貨架陳列不少於 4 個排面,每個單品至少2 個排面;紙架組合中要求至少 1 個紙架用於陳列 105 克薄片品種。

要依據商品品牌知名度的不同而選擇不同的陳列量和裝飾品，巧克力的定位屬於高級商品，因此，採用簽訂全年包柱的辦法，按照薄片形象包柱製作。

(3)紙架陳列

在非重點賣場內，以背靠背紙架作為主題堆頭，大賣場內則儘量將紙陳列架，擺放在其他節日品旁邊，採用背靠背或靠牆/柱子陳列等方式。這樣可以借助其他節日產品的熱鬧氣氛，增加顧客的關注度。同時在各個地區、各個店鋪及賣場做節日陳列擺放時，所有產品應該靈活掌握，以該店銷售量最大產品為主，起到用熱銷產品在節日的氣氛烘托下，帶動本公司其他常規產品的銷售，打擊公司常規產品的主要競爭對手。

4.陳列商品的包裝選擇

其商品包裝要凸顯出其優惠品的特點，通常將商品按檔次分不同品種，有常規包裝、分享裝、禮盒裝等，按照不同的優惠條件進行不同陳列：分享裝通常可採用堆頭陳列，而常規包裝和禮盒裝可以選用貨架陳列。巧克力的陳列包裝就是按照這種方式進行。

5.促銷活動方式

春節期間主要促銷用品包括春節封套、春節吊牌等，促銷宣傳品設計組要包括春節促銷活動陳列、品種選擇等。

6.活動具體實施計劃

春節封套禮盒（418/240）均為金色與朱紅色年貨封套包裝，更加突出節日的喜慶色彩；貨架陳列形式以封套禮盒春節爆竹+貨架貼+海報吊牌，同時盡可能在賣場內以兩個相連的端架集中陳列，使產品更加醒目，每個單品最少佔陳列架 3～4 個面圍及 2 樓排面；陳列貨架上面的 2～3 排，每樓都貼貨架貼及團購相關發佈資訊牌（團購資

訊由各個分公司自行製作)。

7.注意要點

保證重點賣場導購促銷活動不斷持續,並且保證重點賣場人員數量足夠,所有主要重點陳列貨架有專職導購員負責陳列面維護與導購工作。同時,為了保證活動的效果,各賣場可根據需求增加臨時促銷員,一定要保證春節造勢活動的圓滿成功。此外,還要注意以下幾點:

· 全面啟動團購的定期拜訪,隨時宣傳團購政策及禮品贈送。

· 通過網路商店、禮品店的宣傳網頁及促銷活動,為春節活動造勢起到烘托效果。

陳列促銷主要是針對商品擺放位置對消費者進行的空間促銷方案,利用消費者視覺感官效應來制訂陳列促銷的促銷方案。

◀)) 第四節　如何規劃春節促銷

商場往往會針對春節提前三個月做出詳細而週密的計劃和安排,包括人員、商品、企劃案、後勤支援等方面都有完善的預備方案。一般來說,人員計劃是相對簡單的工作,主要是針對春節期間可能發生的情況做好人力支援工作,臨時改變原有人力架構,預備特殊情況時的人員配備在需要時啟動。相比之下,商品和企劃案的準備工作就是相當重要而又比較複雜的。當然,春節促銷的企劃案與其他節日的促銷企劃案並無太大區別,一般都包括促銷主題的確定、時間的安排、店堂的佈置、商品的選擇、人員配置、費用預算、活動的控制以及事後的總結評估。

1. 促銷主題的選擇

春節促銷主題的選擇，主要是圍繞新年初始同時結合商家自身經營特色來選題。促銷主題要有衝擊力，吸引顧客前來購買，例如：某賣場推出的「購物盛典」促銷主題，「千禧」點明時間性與特色性，「盛典」體現規模與衝擊性，整體氣勢強。

主題可以是單獨的一個標題，商家所有的促銷活動都通過展現一個標題來進行；也可以是主副標題共存，在一個主題下按照活動不同階段，分成多個小的標題。

某連鎖商場專業經營鞋類零售和批發，其春節所進行的促銷主題為「新年送禮三重奏——滿就送；淘金大行動；不轉白不轉」。整體的活動在一個大的主題「新年送禮三重奏」下，進行三大促銷活動——「滿就送」、「淘金大行動」、「不轉白不轉」，這三大促銷活動可使多種促銷方法優勢互補，力度更大，效果更好。

某百貨商場春節促銷主題為「迎新滿額送——滿 2000 元送 500 元禮金券」，其所有的促銷活動，都圍繞著一個主題在進行。具體活動內容是：活動期間，凡當日在本店累計購物滿 2000 元即送 500 元禮金券一張，滿 4000 元送 1000 元禮金券。依此類推，多買多送。

2. 促銷時間的安排

由於春節的重要地位，大多數消費者提前一個月就開始購買年貨，這給商家的促銷帶來很大便捷。一般來說，春節促銷時間比較長，20 天到一個月左右。有的商場在此期間的週六、週日會安排更加優惠的促銷活動。

在促銷時間安排上，要抓住焦點時間，春節促銷也就是要在春節前後一天左右加大促銷力度，這樣更加吸引消費者，並且促銷手段應以娛樂活動為主，附加促銷宣傳。

3.店堂環境的佈置

在春節促銷時，各家百貨商場都開始注重環境的佈置，以宣傳企業形象。春節的環境佈置突出濃郁的民俗文化氣氛，多以紅色為主色調，營造濃烈的節日喜慶氣息。春節時，門前的大紅福字對聯和牆面上的紅燈籠渲染出了濃烈的節日氣氛。

商場店外門口兩側自上而下垂下一大串紅色的鞭炮（模型），連同門口正上方的巨型大紅燈籠，給人以濃濃的節日氣氛；進入商場，迎面一顆巨大的祈福許願樹帶給人們一個美好的新春祝福。

4.促銷商品的確定

春節的業績是由各種類型的促銷商品支撐起來的，特別是針對性很強的年節商品，如糖果、煙酒、保健品、家用消耗品等。百貨商場通常都會利用定期的 DM 海報或不定期的報紙宣傳，來吸引客源以增加銷售。

賣場裏每年都會有熱鬧喜慶的「年貨一條街」的佈置，陳列著大量的年節促銷商品供顧客選擇。事實證明，這些促銷商品的銷售在春節促銷總銷售的佔比會達到甚至超過 50%，可見春節促銷商品的重要性。因此，正確地選擇促銷商品將直接影響著春節的業績。

春節時，各大商場的各式年貨中，在 2005 年，以雞年商品最為搶眼。各種雞年生肖飾品、雞年足金擺件、各種本命年商品、春節特色食品和以「吉祥如意」、「春節共慶」、「紅紅火火又一年」等為代表的各種組合花卉為春節市場增添了「年」味。

百貨商場在選擇春節促銷商品時更是精挑細選。首先在時間上，要提前至少三個月開始準備，以便更慎重地選擇和比較。其次在選擇商品方面，要注意符合以下四個要求：必須貼合春節特性；成熟品牌價格要低；滿足費用和利潤要求；充足的貨源供應。對最後一點要特

別注意，因為缺貨是銷售的致命傷。為避免這類情況發生，商場要提前向供應商訂貨，確認到貨時間，協商送貨的最佳時間和方式。

◀))) 第五節　春節促銷策劃方案

案例 1：春節百店連動大團拜活動

一、活動目的

　　為了更好地促進地區乃至商圈的銷售增長，採用商圈式的贊助方式。每個商圈，我們選擇一個主贊助商，其他為準贊助商，開展系列促銷活動，既是為各個店的銷量在春節前、中獲得大的增長，更會樹立各自品牌自身形象。

二、活動時間

　　2 月 1 日～2 月 15 日(共計 14 天)

三、活動主題

　　百店連動大團拜

四、活動地點

　　××地區大型商場、娛樂場所等 25 家(範圍廣)，具體包括三種類型的零售單位：

　　1. ××各大商圈內的主力消費場所，如××廣場、××購物中心等

　　2. ××各大娛樂場所，如 KK 公園

　　3. 其他客流量較大的商場

五、活動準備工作。(略)

六、活動內容

在整個春節期間，活動共分為三個階段：

第一階段——熱購年貨期；

第二階段——過年；

第三階段——春節團拜團圓夜。

第一階段：熱購年貨期(2月1日～2月7日)

系列優惠促銷活動，促銷工具主要是打折券、抽獎。

第二階段：過年(2月8日～2月10日)

抽獎、娛樂活動(找到暗藏在店內的寶就可獲得大獎)、零點狂搶活動、觀看春節晚會贏等離子彩電、大年夜春節祈福活動等。

第三階段：後期維護(2月11日～2月15日)

團拜活動：聯合各店的員工和領導進行拜年活動。

內容有：現場為社區舉辦才藝表演，豐富社區生活；慰問各社區的老人，和老人一起遊戲等；為孩子舉辦了團圓親子活動。

七、費用預算

贊助商權益回報：

贊助此次連動團拜活動，商家可以享受品牌展示和推廣權益，依據贊助金額不同，回報權益如下：

1. 金牌贊助：活動主贊助商(惟一)

費用：150萬元

回報權益：活動宣傳單、活動橫幅、現場物料活動宣傳、10家主流媒體廣告投放、連動軟性宣傳和追蹤報導都會出現其商標logo、最高獎轎車的獨家展示權，並擁有為主要獲獎者頒獎的權益、在廣告公司主辦的發佈會、採訪等各類公開活動的背景板上，出現贊

助商標誌等。

2.銀牌贊助：活動大獎贊助商（惟一）

費用：30 萬元

回報權益：（略）

3.銅牌贊助：活動參與贊助商

費用：20 萬元

回報權益：（略）

八、活動注意事項及要求。（略）

案例 2：超市春節促銷方案

一、活動目的

春節期間回饋新老顧客，提高企業美譽度，提升門店銷售額。

二、活動時間

1 月 12 日至 1 月 28 日

三、活動主題

情系寶島、歡慶新春

四、活動地點

××市××路××號××超市

五、活動準備工作

1.門店佈置

⑴店外裝飾

①迎春燈籠：各店門口懸掛 14 寸紅色迎春鋼絲燈籠 4 個，寓意迎接新春的到來；

②禮籃、禮箱海報:隨著人民消費習慣的改變,送禮藍、禮盒已成為一種時尚。故此,公司推出此項服務,以滿足不同層次消費者的需求。特製作禮籃、禮箱促銷海報一張,張貼於收款台或店外附近顯著位置。主要介紹百果園禮籃、禮盒的種類、價位,果品搭配等,具有宣傳作用。

③春節果品促銷海報:每店 1 張,張貼在店外最顯見的位置。主要介紹百果園春節促銷特價水果資訊,起到吸引顧客的目的。

(2)店內裝飾

店內吊頂上主要懸掛掛花,最好橫向懸掛,兩條一排(視情況而定),講究對稱原則;加以喜鵲春 1 對,春節掛飾 1 對,禮炮 1 對為點綴。

具體佈置如下:

①把掛花橫向、分排掛在吊頂下方;

②其他裝飾物均勻懸掛在吊頂上,禮炮一對懸掛在門店入口處(收款台一側);

③掛飾與禮炮相對應懸掛在店內中間;

④喜鵲春懸掛在店內的最裏面。

整個裝飾風格突出新年吉祥、喜迎春節,烘托節日氣氛。

2.背景音樂

春節期間,各門店應播放公司統一配送的迎新春音樂光碟(光碟於 12 月 30 日下發到門店)。若光碟有質量問題,請與市場部聯繫。

六、活動內容

1.春節禮籃、禮箱促銷

我們為您現場製作各種節日禮籃、禮箱;

為您精挑選擇各種鮮果,提供個性化服務;

為您免費送貨上門，把關愛送到家。

⑴百果園標準禮籃

新春禮籃（用小籃包裝）門店統一零售價：800元/個

賀歲禮籃（用中籃包裝）門店統一零售價：900元/個

鴻運禮籃（用大籃包裝）門店統一零售價：1200元/個

註：現場包裝，非標準禮籃——小籃子150元/個，中籃200元/個，大籃250元/個（含人工包裝費）

⑵公司統一標準的禮箱類型

①心想事成箱。門店統一零售價：150元/個

內含：蛇果、美國青蘋果、水蜜桃、人參果、橙。

②富貴平安箱。門店統一零售價：150元/個

內含：火龍果、美國青蘋果、日本西柚、青啤梨

③吉祥如意箱。門店統一零售價：200元/個

內含：新奇士、山竹、新西蘭蘋果、泰國金柚

備註：訂購禮籃、禮箱，各門店應提前1天向配送中心下訂單

2.春節期間特色果品介紹

⑴高檔水果系列（面向高收入群體及團購、送禮）

①高級水果系列；

②精裝進口水果系列。

⑵精裝普通水果系列

⑶精裝乾果系列

3.貴賓禮券

⑴通用券。面值分別為500元和100元。通用禮券由門店負責人直接提前向公司財務部購買，今後由財務部以9.5折予以回收，沖抵貨款。

(2)專用券。面值分別為 500 元和 100 元，專用禮券請門店直接
向配送中心下訂單。

4.贈送禮品條件

凡活動期間（1 月 12 日～1 月 28 日）一次性在各門店購物滿 20
元，即送水果削皮器一個；一次性購物滿 50 元，即送聯合國兒童基
金會賀卡一張；凡購買禮籃、禮箱的顧客，均贈送賀卡，數量有限，
送完即止。

註：

①獲獎顧客每次只能獲得一份禮品；

②各門店在該活動的執行過程中，須嚴格按照顧客購物金額發放
相應禮品，不得私自更改。否則，易造成不良社會影響。

七、費用預算

1.各種海報費用均由公司總部承擔；

2.春節門店裝飾品，費用由門店自行承擔，由公司總部統一以批
發價配發；

3.水果削皮器和賀卡費用由公司總部和門店各承擔一半。

八、活動注意事項及要求

1.元月 12 日起各門店可包三個標準禮籃展示給顧客看，擺放在
醒目位置；

2.元月 16 日起備足顧客比較熱衷的整件果品如水晶富士、砂糖
桔、蘆柑、臍橙、帶葉的柑，注意將整件的貨碼放在顯眼處；

3.隨時注意清點庫存，及時補貨；

4.為了與超市競爭，增加銷量，要求門店乾果系列零售價不要定
高，以相對低價為妥；

5.配送價格請注意隨時在網站上查看，水果的相關資訊屆時在網

站上查看；

　　6. 大年：二十八、二十九、三十這三天將是門店銷售的高峰日，要提前備足貨，全體員工上全班，集中全力做好銷售，必要時要請鐘點工，注意零售價的制定，要確保一定的利潤；

　　7. 為保證各門店正常的運營，必須做好年後各店的工作調整；

　　8. 若有門店現行的促銷活動與總部本次安排相衝突，以執行本活動為準；

　　9. 1月12日以前各門店務必完成門店佈置。

　　各門店務必做好本次活動獲獎顧客數量統計工作（需保留電腦票據，便於營銷分析），由各店長直接負責，將數量匯總後填入下表，於2月5日以前上交市場部。

　　其促銷方式主要是門店氣氛促銷和折扣促銷兩種方式的結合，這種結合很好地烘托了節日氣氛，為其促銷效果的良好實現奠定了基礎。

心得欄

第 **5** 章

商場兒童節的促銷

　　兒童節的日子，在世界各國都不一樣，台灣的兒童節是四月四日，大陸的兒童節是六月一日，廠商到大陸去擴展市場要注意差別性。兒童節是一個針對性極強的節日，這不僅表現在對「節日公眾」的界定上，而且也反映在對商品促銷類別的限定上。

　　兒童節去商場購物，已經成了眾多市民度假的一個重要方式。

🔊))) 第一節　超市兒童節娛樂促銷

　　兒童節期間，去商場購物的眾多消費者大多會聚集在玩具櫃和食品區；而超市的各種特價玩具、兒童奶粉、休閒食品、兒童用品、文體用品、玩具、童裝、童鞋，則往往吸引了大批小孩和家長的目光。因此，兒童節期間的商場促銷也往往都針對這些商品。兒童節促銷的

關鍵在於如何培養兒童興趣從而影響家長購物。從消費行為上講，孩子是個特殊的社會群體：是商品的使用者和消費的參與決策者，而非直接的商品購買者。因此，兒童節促銷活動應多選擇一些文化娛樂活動，讓兒童開心快樂，通過兒童的影響力進而讓購買決策者購買；促進相關商品的直接銷售，從而建立良好的企業形象。

　　超市兒童節的娛樂促銷主要針對兒童，通過兒童影響其父母，最終促成其購買交易完成。從兒童喜好出發，推出兒童喜歡、家長放心的娛樂節目，這樣才能更有效地吸引消費者購買。

　　另一超市在兒童節之際，舉行以「希望之星」大擂台為活動主題的促銷活動，活動對象是 5～12 歲的兒童，活動的形式主要是歌曲、詩歌朗誦、舞蹈。為了增加趣味性和娛樂性，參與者自主命題自主化裝，以不同形象參加比賽。

　　活動形式的多樣化可以充分吸引童趣，這對活動成敗至關重要。下面通過對主題為「寶寶今天最快樂！」的兒童節促銷活動策劃來分析兒童節娛樂促銷活動如何進行。

　　「寶寶今天最快樂！」娛樂活動包括一系列活動，其中的一個活動主題為「從小說好普通話，比比誰的嗓門大！！」。從該主題上看，「比比誰的嗓門大」可以迎合兒童喜歡比賽的心理，同時獲得前三名的小朋友會各自得到獎品，這些獎品都應是兒童喜歡的禮品。

　　具體的活動規則為：欲參賽兒童（限 13 歲以下）於 5 月 28 日至 5 月 31 日期間在兩分店同時報名，集中於 6 月 1 日在××店參加活動，比賽時按報名順序進行。比賽分為兩場，時間是 6 月 1 日上午 9:30～11:30 和下午 14:00～16:00。活動在賣場外進行，活動場地有拱形門條幅等道具配合。

　　比賽規則為：參加活動的小朋友以 5 人為一小組進行比賽，每個

人用普通話說三句話，最後嗓門大的將獲得優勝。獲前三名的小朋友有精美禮品贈送。

這三句話的內容是：

我愛××（超市名字），我愛家鄉，我愛××（當地地名）！！

××是我的好鄰居！！

I LOVE ××！

每組都會評出優秀者獲贈精美禮品，並且所有參與此活動的小朋友均有精美禮品贈送。採購部門準備節日禮品 100 份。另外還讓部份供應商提供了部份小禮品，如彩筆、氣球等，力爭讓所有參與的小朋友都有紀念品。

此次活動的主要目的是通過舉辦活動讓小朋友參與，來帶動大人的參與，從而形成對超市的忠誠。在操作過程中要注意這樣幾點：首先是要讓盡可能多的小朋友參與到活動中來，所以，在場地上要做好充分準備，在禮品數量上要備足，以免獎品不夠的尷尬情況出現，造成小朋友不滿，反而失去了活動的意義；其次，禮品應當是孩子喜歡而且有意義的，這樣才能贏得孩子及其家長的心，達到組織活動的目的；再次，活動組織要力求新穎有趣，給孩子留下難忘的印象。

超市曾在「兒童」節時開展了主題為「開心六一，小鬼當家！」的促銷活動，也取得了很好的效果。

活動也是在 6 月 1 日當天舉行，分為上午（9:30～11:30）和下午（14:00～16:00）兩場。比賽分三組進行，4～6 歲為一組，7～8 歲為一組，9～10 歲為一組，每組限 100 人報名。比賽場地為××超市××分店場外。比賽時，每個年齡組又分為三個小組，每組 3 人，即每次每個年齡組有 9 人參加比賽。比賽時，參賽小朋友各自從現場工作人員手中抽出一張商品採購單，然後在 5 分鐘內開始採購，可以

由家長代領，時間最短的為優勝者，然後再根據時間的長短評出前三名優勝者個人。所有參賽者均可獲得精美禮品一份。

要參加比賽，必須在「六一」當天在該超市購物，報名時需攜帶參賽者的有效證件及購物票據到服務台報名。參賽者年齡限制在 4～10 歲的兒童。

分組獎項設置為：

一等獎：一名，價值 50 元大禮包（商品組合）。

參與獎：數名，精美禮品一份。

在該活動組織過程中，應當注意以下事項：首先要準備足夠的獎品，因為有 300 人參加，按照分組情況（一次參賽人員各年齡組有三小組共 9 人，計一次比賽三個年齡組共 27 人參加），三個組總共會產生 30 多個一等獎，這樣超市需要準備一等獎獎品 30～35 份，精美小禮品約 300 份。其次，要有足夠的工作人員來維持比賽秩序，並安排比賽的進行。三個年齡組各設 1～2 名現場工作人員，用於發放採購單及時間記錄等工作。再次，要準備好孩子們比賽用的採購單。為此，門店需要印製不同種類的商品採購單 300 份，建議 10 種形式，每單商品數為 10 種左右。

另外要注意的是，按照比賽中的分組方法，各年齡組 100 人，每次 9 人參賽，這樣最後每個年齡組會剩下一人，所以可以改變年齡組報名人數或者每次參賽人數，以避免比賽最終產生分歧。

通過該活動可以看到，在組織活動時，活動的全過程必須可控制。同時這些娛樂促銷活動擯棄了超市以往節慶裏所固有的、單一的促銷模式，而以新穎、獨特的促銷方式，迎合了消費者（兒童及其父母）的心理需求，真正意義上體現了「短、平、快」的活動形式。活動以較少的活動成本，最大程度地滿足超市對效益的追求目標，並形

成了社會各消費群體的好評，達到超市策劃和實施本活動方案所預期的實際效果。

◀)) 第二節　兒童節有獎促銷

有獎促銷可以通過多種形式來實現，兒童節的有獎促銷主要通過趣味比賽活動來進行。

其目的一般是通過在兒童節舉辦本次活動來提高商場在少年兒童心目中的影響力，以家庭參賽的方式借助兒童節來提高成人的消費，以特殊的比賽形式來進一步提高商場的知名度。

商場在兒童節時舉行了主題為「六一小當家」的促銷活動。

在兒童節通過以「孩子選商品，大人買商品」的方式來吸引大量家庭到商場來參加比賽，再根據實際購買情況選出一部份獲獎家庭。參賽兒童限 14 歲以下。

整個活動分為兩個階段開展，第一階段為準備階段，時間是從 5 月 15 日～5 月 31 日。第二階段為比賽階段，時間是從 6 月 1 日～6 月 3 日。

在第一階段期間，需要進行以下工作：

——凡是當日在該超市購物累計滿 200 元或者購買兒童用品（玩具、兒童衣物、學習用品等）滿 100 元的，均可憑當日購物票據到總服務台領取「小當家」活動券一張。

——符合年齡要求的兒童均可憑該活動券在 5 月 28 日～5 月 30 日到指定地點填寫活動報名表，領取參賽號碼。活動報名表應包

括：姓名、性別、年齡、父母親姓名、聯繫方式、家庭住址、家庭電話、參賽編號等。

——5 月 31 日，根據報名表共選出 200 位參賽選手來參加 6 月 1 日～6 月 3 日的活動。以年齡為標準，比賽分兩個組，一組為 4 週歲以上的學齡前兒童，一組為小學一年級至六年級學生。每個學齡段 100 位兒童參加比賽。

——安排出場時間和出場順序，並及時通知參賽選手的家長。如果聯繫不到，則從候補名單中再選。儘量保證 200 位的參賽數量。

第二階段是正式比賽階段。比賽時間為 6 月 1 日～6 月 3 日。前兩天每天分為兩個賽段，即早上段(9:00～12:00)和下午段(13:30～16:30)；6 月 3 日只有一個參賽時間段，即早上段。在每個比賽時間段內，每個學齡段各有 20 名選手參加活動。比賽活動區為超市購物區的一部份，超市可以根據自己的實際情況劃定活動區，活動區內所有商品均要參加活動，參加活動的商品都必須有一定的折扣率，折扣率只針對比賽有效。

比賽過程為：

——比賽開始後，每位選手各有一位工作人員陪同進入活動區。選手進入活動區之後，利用半個小時的時間挑選自己想要購買的商品或者是家長告之想要購買的商品。確定購買之後，由工作人員出示購物卡（「小當家」購物卡內容：品名、貨號、單價、折扣率、實際價格、營業員、收款員、實際支付等項目）讓營業員填寫。每位參賽選手可選購十件商品。如果十件商品選完或者規定時間一到，則工作人員帶領選手離開活動區，並把購物卡交給選手家長。

——選手家長在拿到購物卡之後，可進入商場再次挑選。如家長買下了購物卡上所註明的商品，則當值收款員在購物卡上的該商品

對應確定購買欄內打鉤，並簽字作證。

——家長必須在 6 月 3 日 15：30 以前把購物卡和購物票據一起交至工作台進行登記，工作人員根據統計情況進行評獎。

活動獎項設置及評選辦法如下：

——最佳小當家獎（一名）：獎 500 元購物券一張（所有參賽選手共同評選）。

評選辦法：購物卡上實際購買金額最高。

——最有眼光獎（五名）：各獎 100 元購物券一張（各學齡段分別評選）。

評選辦法：根據購物卡上實際購物金額高低依次評選。

——最和諧家庭獎（五名）：各獎 100 元購物券一張（各學齡段分別評選）。

評選辦法：在一定的購物金額的基礎上，按照購買成功率的高低依次評選。

由於獎項有限，該活動還設置了如下兩項附屬活動，以增加兒童參與的積極性：

⑴健康快樂大會餐

凡取得活動券或者參賽號碼的兒童，均可在 6 月 1 日～6 月 3 日在美食城憑券領取一份健康快樂兒童套餐。

⑵蹦蹦跳跳過六一

凡取得活動券或者參賽號碼券的兒童，均可在 6 月 1 日～6 月 3 日在遊藝廳憑券免費領取 10 枚遊戲幣。

為了使活動順利開展，達到預期效果，在活動過程中應注意如下事項：

‧嚴格挑選工作人員，以保證活動的公平、公正和公開性。

・活動區可以由利潤較高的商品區組成，但必須包括各種兒童用品。

・由於參加活動的兒童年齡較小，活動期間商場必須要制定更加完善的管理辦法，以防止各種意外的發生。

🔊 第三節　兒童節促銷方案

案例 1：某超市兒童節促銷方案

一、活動目的。（略）

二、活動時間

6 月 1 日～6 月 2 日

三、活動主題。（略）

四、活動地點

各分店內及店外空場地

五、活動準備工作

本次活動宣傳工作由企劃部負責落實，計劃如下：

⑴××晚報 1/4 版套紅廣告；

⑵總店正門、東門兩條條幅，各分店一條條幅；

⑶公園一個不銹鋼宣傳欄；

⑷DM 封底；

⑸總店一個不銹鋼宣傳欄；

⑹分店一張宣傳海報，總店 3 張宣傳海報；

(7)各小活動活動細則說明海報。

六、活動內容

(一)活動流程

⑴汽車模型拉力大賽。

⑵少兒服裝表演。

⑶父子同樂運西瓜。

⑷遊園尋寶・幸運購物。

(二)活動辦法

⑴汽車模型拉力大賽。

參賽對象:在內場一次性購物滿 100 元的顧客即可憑購物票據帶自己的孩子參賽,活動限 7～14 歲小朋友。

比賽場地:超市北門外。

相關道具:環道一套(已有),賽車若干(百貨部提供)。

比賽細則:(略)。

比賽時間:6 月 1 日上午和下午。

⑵少兒時裝表演

兒童模特:××幼稚園模特隊。

表演時間:6 月 1 日下午。

表演地點:正門外。

相關道具:服裝、音響、舞台、主持人、解說詞。

負責部門:百貨部。

⑶父子同樂運西瓜

活動簡介:父親帶著兒子把一堆「西瓜」從「橋」的一端運到另一端。

活動對象:3～7 歲孩子。

活動地點：各分店。

活動時間：6月1日上午。

相關道具：模擬簡易橋、西瓜。

活動細則：(略)。

負責部門：各分店。

⑷遊園尋寶‧幸運購物

活動簡介：和公園合作，把印有「八折」、「八五折」、「九折」和「買贈」及「免費贈送」的卡片散佈於公園隱蔽角落，在公園找到卡片的遊園者可成為幸運購物者，享受卡片上註明的幸運購物待遇。

活動時間：6月1日、2日兩天。

活動地點：總店及分店。

相關道具：卡片、商品、公園宣傳板。

商品選類：××

注意事項：商品出售地點及出售程序

負責部門：店長

七、費用預算

⑴××晚報 1/4 版套紅廣告：××元

⑵總店及分店條幅：××元

⑶不銹鋼宣傳欄 2 個：××元

⑷DM：××元

⑸宣傳海報：××元

⑹環道及賽車：××元

⑺其他：××元

八、活動注意事項及要求

為了保證活動的落實，在實施過程中，要注意做好策劃、分工及

檢查工作，具體包括以下事項：

⑴ 5 月 17 日下午召開中層討論會，討論活動草案，確定活動細則及紳門分工，確定後由企劃部寫出正式方案。各部門按確定分工各自準備。

⑵ 5 月 27 日上午開中層工作檢查會，檢查各部門工作落實情況，查缺補漏。

⑶ 5 月 31 日下午召開活動前夕動員會，進一步檢查安排落實細節工作。

案例 2：某商場兒童節促銷活動

一、活動目的（略）

二、活動時間

5 月 28 日至 6 月 5 日（9 天）

三、活動主題

歡樂「六一」，××兒童大會

四、活動地點

××商場 AAA 店

五、活動準備工作（略）

六、活動內容

1.「萬件兒童禮品免費大派送」活動

⑴免費送之一：百件玩具天天免費送

地點：兒童用品部

5 月 28 日至 6 月 5 日期間，每天光臨商城的前 100 名兒童（或

家長帶兒童），可免費領取玩具一個。送完為止。

(2)**免費送之二：5 萬隻五彩氣球免費送**

地點：全商場

6 月 1 日當天，凡光臨商城的小朋友，每人可免費獲贈五彩氣球一個。

2.**「童車、童床、童裝展，玩具大聯展」活動**

5 月 28 日至 6 月 5 日期間，凡當日在兒童商場購物累計滿 100 元者，均有一次「縶氣球中大獎」的機會。獎項設置如下：

一等獎 1 名，獎價值 248 元～308 元的「好孩子」自行車一輛（以顧客自行挑選的型號為準）；

二等獎 5 名，獎價值 100 元的兒童產品（兒童用品部任選）；

三等獎 15 名，獎價值 50 元的兒童樂園門票；

四等獎 30 名，獎價值 20 元的毛絨熊公仔一個；

紀念獎 200 名，獎精美紀念品一份。

(1)**童車童床大聯展。**

推出「好孩子」、「小天使」、「小小恐龍」等知名童車、童床品牌，推高端的產品，推經典：同時購買推車和童床的顧客可獲贈「好孩子」品牌紙尿褲一包（特價款除外）。

(2)**玩具在東門外設立戶外特價區，應季新品特價促銷。**

(3)**兒童圖書大會。**

5 月 28 日至 6 月 5 日期間開展「兒童圖書大會」活動，圖書展分為六個展區：即科普讀物區、兒童漫畫書區、兒童學習輔導書區、兒童手工區、校園圖書區、兒童碟片區。

凡在展區內購物累計 100 元贈價值 5 元小禮品一份，購物累計 150 元贈價值 8 元碟片一張。

⑷兒童護膚品推廣。

5 月 28 日至 6 月 5 日期間，通過大型露演的形式，以買贈為主，推出「強生」和「青蛙王子」兩大品牌。

3.「世界牛奶日，××送牛奶、送健康」活動

6 月 1 日～6 月 3 日活動期間，食品商場全天所有品牌乳製品均有打折，買贈活動。6 月 1 日當天光臨食品商場酸奶組的顧客可免費領取乳製品一份，共 2000 份，送完為止。

戶外品牌推廣活動，主要以蒙牛、伊利、南山等品牌為主的商品知識介紹，有獎問答和免費品嘗。

4.「快樂天地」大型兒童遊樂活動

⑴少兒模特秀。5 月 28 日至 6 月 1 日期間，持有 2005 年兒童用品部購物信譽卡的小朋友可報名參加，展示今夏最流行的童裝精品。包括牛仔系列、休閒系列、運動系列、彩裝系列等等，涵蓋童裝、童鞋、頭飾、帽子、陽傘等。凡參加活動的小朋友均可獲精美紀念品一份。

⑵5 月 30 日至 6 月 1 日限量銷售兒童樂園優惠卡。卡的面值分為 20 元/3 次、30 元/5 次、40 元/8 次、50 元/12 次。

⑶東門外設立大型戶外娛樂項目，氣墊城堡、套圈、跳繩比賽、打沙包、飛鏢比賽等(比賽項目可設獎品)。

⑷加重室外節日氣氛，空中飄球、樓體外噴卡通形象、廣場設立卡通氣模等，可現場照相。

⑸室外增設遊戲。

⑹北門外舞台處少兒才藝表演(卡拉 OK 唱)。

第 *6* 章

商場教師節的促銷

　　教師節的公益促銷,主要是通過對教師這種職業的認識來凸顯教師的地位。由於此節日處在夏末,主要是利用專題促銷有力達成銷售目標,同時提高本商場在本市居民中的知名度和美譽度。

◀))) 第一節　教師節主要促銷手段

　　教師節的促銷手段,主要有禮品贈送、購物返券和商品展銷等,具體內容如下:

一、禮品贈送

　　這是教師節最常用的促銷手段。賀卡是教師節多年不變的禮品,

而現在隨著人民生活水準的不斷提高，贈送其他禮品的消費者也越來越多。某超市推出以下活動來進行教師節促銷：

——9 月 10 日教師可憑購物票據和教師證在服務中心領取禮品一份。限量 100 份，送完即止。男教師送領帶，女教師送化妝品。

禮品由百貨部負責提供男士領帶 40 條，日用品部提供女用化妝品 60 份，由前台部發放。

——9 月 10 日，教師憑教師證在服務中心登記領取 1 張「教師優惠卡」，教師在各專櫃收款台一次性購買物品超過每 100 元可憑「教師優惠卡」少付款 10 元，限量 160 名。

「教師優惠卡」由前台部發放，企劃部需要在 9 月 9 日前將設計的優惠卡列印好並由財務部蓋好章交前台部。

二、購物返券

購物返券是現在超市用的比較多的一種促銷方式。送券包括多種形式，一般為禮券和現金券。

某超市曾在教師節時舉辦了「買 60 元送 30 元現金券」的促銷活動，取得了不錯的效果。具體活動內容是在 9 月 10 日至 10 月 7 日期間，凡一次性在該超市購物滿 60 元的即送價值 30 元的百貨現金券一張，買 120 元送 2 張，多買多送。

同時也對現金券的使用做了一些規定：

· 現金券不設找零，不兌換現金。

· 現金券只能在百貨部指定專櫃使用。

· 現金券在 9 月 10 日至 10 月 7 日期間消費有效。

· 使用張數有限制，購買百貨滿 98 元時使用一張，滿 196 元時

使用 2 張。以 98 為整數倍遞增，多買多用。

三、商品展銷

　　商品展銷活動也是超市比較常用的一種促銷方式，主要表現是在節日當日將代表節日氣氛的商品進行展示陳列，來吸引眾多的消費者。

　　由於教師節一般都距離中秋節比較近，有些商場利用中秋月餅大展銷來進行教師節促銷活動，同時展銷也往往與贈送禮品或禮券等手段相結合。

　　整個活動持續時間為 9 月 1 日～9 月 28 日，9 月 1 日開始在一樓堆頭展銷月餅、禮籃。禮品贈送活動分為三個方案：

　　第一，9 月 18 日～9 月 24 日期間一次性購買月餅一盒可憑單張電腦票據到服務中心領取可樂一瓶，每天限送 500 瓶，每人限送一瓶；數量有限、送完為止。

　　第二，9 月 25 日～9 月 28 日凡購買月餅滿 200 元者均可至本商場領取甜柚一個，滿 500 元以上者送紅酒一隻，以 500 元為整數倍遞增，多買多送，數量有限、送完為止。

　　第三，9 月 28 日月餅買一送一。

　　此項活動的費用以及獎品由業務部負責洽談提供，供應商負責承擔。

◀)) 第二節　教師節公益促銷

教師節的公益促銷,主要是通過對教師這種職業的認識來凸顯教師的地位。由於此節日處在夏末,其主要目的是利用專題促銷有力達成銷售目標,同時提高本商場在本市居民中的知名度和美譽度。

某超市推出「愛心包包愛心獻禮」的教師節促銷活動,主要推廣時間為「8月下旬至9月初」。因為這段時間是大中小學生開學的時期,開學之初大多數青少年都要置衣購物,特別是箱包類產品,因此舉辦包類產品大展銷活動,或者稱為書包節非常適宜。推出「以舊換新」活動,持舊書包可以打九折(視具體情況而定),活動期間包類產品不使用貴賓卡,舊書包和營業所得部份利潤捐贈給失學兒童或福利院,樹立本超市的公益形象。

具體操作時,超市和各個箱包類廠家聯繫,引進一批價格適中的包類產品和最新款式,以產品齊全、價格適中和款式新穎來吸引消費者,然後實行「以舊換新」活動。

在教師節時,教師可以憑教師證直接給予其一定的購物折扣,或贈送一定禮品;也有針對老師開展一些趣味比賽等活動。

除了上面的方法還有很多可以利用,教師節的公益促銷活動都應該圍繞教師、學生來進行,突出教育的主題,突出公益性質。從公益活動中,商場更容易樹立自己的形象,從而能夠贏得顧客的好感和忠誠。

第三節　教師節文化促銷

　　教師和文化直接掛鈎，在教師節推出文化促銷更能吸引消費者的目光。而促銷過程中，需要注意的是採用何種文化活動形式能更大程度吸引消費者，這是教師節促銷的關鍵。

　　某商場教師節時開展了以「××情謝師恩」為主題的文化促銷活動。主要內容為「10 日、11 日兩天持教師證即可享受和 VIP 同等待遇，持教師證購物即可到服務台領取價值 550 元美容美體卡一張」。同時開展了文化演出活動，活動分為婦兒區和休閒區兩部份，具體演出活動內容如下：

一、婦兒區

⑴活動一：「我心中的園丁」演講比賽

報名時間：9 月 1 日～9 月 9 日

演講評選時間：9 月 10 日上午 10:00

　　方式：以「我心中的園丁」為主題，進行 3 分鐘的演講活動，通過比賽表達對教師的敬意和感激。

⑵活動二：小藝術團專場演出

演出時間：9 月 9 日下午 14:00

⑶活動三：小藝術團畢業匯演

演出時間：9 月 10 日下午 14:00

二、休閒區

活動：教師節專場演出

時間：9月10日15:00～16:00

形式：以「歌頌教師、感恩園丁」為主題的專場演出。

與購物打折相比，文化演出活動涉及環節比較多，工作比較煩瑣，因此在組織過程中要注意安排好各個細節，各相關部門要分工明確，並協調好部門間的合作。在這次活動中，涉及的超市部門有商管部、綜合辦、物業部。具體分工如下：

· 商管部：負責提供活動期間需要的燈光與音響。

· 物業部：負責舞台送電。

· 綜合辦：辦公室負責出車接送演員。

上述文化促銷活動與教育的主題緊密相連。通過對演出內容的安排突出對教師節的重視，更能吸引消費者的目光，因而文化促銷是教師節很好的一個促銷方式。

🔊)) 第四節　商場的教師節促銷

近年來，隨著教師地位的不斷提高，百貨商場也開始策劃針對教師節的促銷活動。但比起其他的節日，教師節的促銷規模要小得多，究其原因大概有二：

首先，從商場的角度來看，促銷就是為了銷量、利潤，但教師節對消費的拉動比較小。由於正值換季打折進入最後階段，教師節只有一天，銷售量不大，為這一天去製作標牌、海報、打廣告很不划算。而且教師節促銷涉及的商品範圍也較小，因此商場自然不太重視教師節的促銷宣傳。教師節之後過不了多久就是中秋，離國慶日也不遠

了，商家的精力都放在週期較長、利潤較高的中秋、國慶日上。

其次，教師節是一個行業性的節日，其重點在於提高教師的社會地位，弘揚尊師重教的文化傳統，所以教師們大多都不會特意在教師節當天大量購物；而一些學生家長也認為，教師節確實應該送老師禮物，但也只是送些有紀念意義的禮品。

每年的教師節，商場都會有一些促銷活動，在銷售並不旺盛的情況下，更要求商場在策劃上下工夫，要有出色的促銷活動才能有好的業績。另外，由於 9 月正是大、中、小學新學年開始的時候，而且距離中秋、國慶較近，並且正是商場換季打折的時候，因此可以和其他活動聯合起來一起做。

1. 以「消費者」為中心

以「消費者」為中心是現代營銷的基本出發點，現代商場促銷活動越來越多，幾乎每天都有不同程度的促銷活動，教師節的過節氣氛也被無形中削弱。因此在教師節促銷期間，把握消費者心理、抓住其必要需求是促銷活動開展的關鍵。

教師節的促銷，各地百貨商場的促銷活動依據各地消費習慣的不同而有所不同。教師節，賀卡是永恆的主題，這在任何一個百貨商場都會出現。鮮花原本是教師節送給老師的重要禮物，但是隨著學生消費理念的變化，逐漸開始轉向其他的文具禮物，某商場 800 多元的派克筆在教師節促銷活動中銷量最好，這也代表了某些人的消費觀念和市場需求。

2. 選擇合適的促銷時間和商品

由於教師節促銷規模較小，通常為 10 天左右，如 9 月 1 日至 9 月 10 日，或者在教師節前後一週。

至於促銷商品的選擇，一些與教師有關的商品如眼鏡、文具，以

及學生送老師的禮品如賀卡等都是應當考慮的。

另外,一些能表達對老師的感恩而價格又不是很高的有意義的紀念品也是教師節比較好的促銷商品。寫著「老師我愛你」和「教師節快樂」等語言的教師杯在教師節銷售很好。

不同的商品也可以做成組合包裝來銷售,例如將賀卡和筆、筆記本、墨水、康乃馨、巧克力、糖果等進行組合銷售。

3.採用多種促銷方法

在教師節,最常見的促銷活動就是「憑教師證優惠」、「持教師證打折」,以及各種「優惠禮包」等。具體而言,教師節促銷的常用手段有:

——折扣優惠。

百貨商場在教師節促銷期間往往會有專門針對教師打折的商品,如「憑教師證打×折」等,也有的商品會對所有顧客打折。某商場在 2005 年教師節時的打折促銷如下:

4 樓:憑教師證購書 8.5 折;

4 樓:獻給老師的問候——教師節賀卡展;

1 樓:石雕藝術品 6 折,藝術品 7 折;

1 樓:進口玻璃器皿 8 折;

1 樓:名牌黃金每克優惠 50 元。

另一大型百貨商場推出的教師節優惠活動,為顧客申辦「感恩 2＋1 卡」。使用該卡可以在商場消費時用於積分返利、享受商品折扣優惠及預存消費。申辦條件是:當日購物累計滿 500 元,顧客憑電腦票據及有效證件(身份證、教師證、駕駛證等)到顧客服務中心申請辦理。

——文化活動。

教師節是接近校園文化的一個節日,在教師節開展文化促銷意義頗深,在一定程度上更能吸引顧客注意力。例如在教師節當天舉辦一些教師書法展、專業演講賽、學術活動,來促進銷售,要將教師節的文化氣息和百貨商場的促銷主題恰當結合,促成促銷活動的完美結局。

——會員促銷。

某商場推出主題為「師情話意——教師節特別活動」的促銷活動,其內容為:教師節當日,憑教師證,無須任何消費,即可到 7 樓卡務中心辦理 VIP 卡一張,享受 VIP 卡友的尊貴禮遇,這種會員促銷的方法為商場帶來一部份固定的消費人群,對商場今後的發展很有利。

教師節是表達老師甘於奉獻的節日,因此其促銷方式除了打折優惠以外,採用一些公益活動,效果會比較好。

4.不要忘了男教師

在教師節促銷活動中有一個奇怪的現象就是,商家對教師購物實行的優惠,無論是「教師節價格」,還是個別商品憑教師證可以獲得「優惠價」和「大禮包」,大多是在女性消費品範圍內的,而男教師要在節日裏找到一件既實惠又能犒勞自己的商品,卻沒有那麼容易。

針對女教師的促銷比比皆是,某百貨商場的促銷活動有:「即日起在××購買女裝新品,憑教師證可獲 9 折優惠」;「購物滿百元憑教師證獲贈精美陽傘一把」。在商場的化妝品櫃台,「教師節禮盒」被放在了最醒目的位置,而且有 8.5 折的優惠;而在女裝部,各種品牌的優惠更是讓人心動不已,動輒就是 3～5 折。但在該商場的男裝部卻是另一種情況,幾乎全都是價格堅挺的「新品上市」,偶爾有幾款打

折的服飾，優惠幅度也遠遠高於女裝部，而對於領帶、皮夾、刮鬍刀等男士用品，大多數都不打折。

　　或許是考慮到男性一般不容易為「打折促銷」所動，所以商場的促銷活動自然比較少，但是隨著越來越多男士用品的開發，商場在教師節促銷中也應當注意男教師的需求，促銷時千萬不要忘記了男教師。

◀))） 第五節　教師節促銷方案

案例 1：某超市的教師節促銷活動

　一、活動目的

積極參與社區的活動，提高賣場的親和力

　二、活動時間

8 月 15 日至 9 月 10 日

　三、活動主題

一日為師，終身為父——祝老師們身體健康、生活快樂

　四、活動地點××超市

　五、活動準備工作

　　通過報紙、DM 海報等媒體發佈相應促銷活動資訊。

　　聯繫徵文評比的評委老師。

　　準備有獎問答的題目，即舞台設施。

　　聯繫供應商，準備贊助獎品。

獎品清單如下：

獎品	數量
教師節贈品	800 份
收音機	3 台
精美筆盒	10 個
語言學習機	1 台
學習用具	5 套
圓珠筆	1000 隻

六、活動內容

該活動由三項小活動組成：

⑴贈送活動

活動對象為各大中小學校的老師，在 9 月 10 當天，憑教師證在超市前台科贈品組登記後，即可領取一份禮物，每張教師證限領一份。

⑵徵文比賽

徵文對象為各中小學以及幼稚園的學生，要求以記自己與老師間的一件事為線，體現真事、真情，題材不限，字數不限。

徵文自 8 月 15 起開始接受至 9 月 2 日結束，作文統一交到前台科；9 月 3～7 日，進行評選。評選獎項如下：

一等獎 1 名，品牌複讀機 1 台；

二等獎 3 名，收音機 1 台；

三等獎 5 名，學習用具 1 套；

鼓勵獎 10 名，精美筆盒 1 個；

參與獎，各獎圓珠筆 1 隻。

⑶有獎問答

凡 9 月 10 日到超市購物的顧客均可參加此活動，具體內容是：

結合徵文活動的頒獎儀式，在場外進行頒獎與有獎問答相結合的活動，使現場顧客積極參與到超市的「尊師重教」宣傳活動，也使現場教師感受到超市人的感恩之情。

七、費用預算

資訊發佈費用：××元

一個簡易的頒獎台：××元

條幅：××元

音響：××元

八、活動注意事項及要求

在活動組織過程中，要注意各部門的分工與協調：

⑴營運部：協調各個科的工作。

⑵市場部：作好宣傳及相關的作文評選組織工作。

⑶前台科：贈品的派送及登記。

⑷工程科：場外活動時的音響等道具。

⑸防損科：場外活動時場外秩序的維持。

⑹採購部：各獎品的供應商贊助談判。

心得欄 _____

_____

_____

_____

_____

案例 2：某商場的教師節促銷方案

一、活動目的(略)

二、活動時間

9 月 3 日～9 月 12 日

三、活動主題

××商場：慶教師節 56 週年大酬賓

四、活動地點(略)

五、活動準備工作(略)

六、活動內容

1. 迪士尼紀念物

為了迎接迪士尼樂園 9 月 12 日隆重開園，凡當日購物滿 1000 元的顧客，憑購物票據即可免費領取「迪士尼紀念收音機」1 個，每天限前 300 人，每人限 1 個。

活動時間：9 月 3 日～9 月 4 日；9 月 10 日～9 月 12 日

2.《生活家》雜誌大派送

凡當日購物滿 500 元的顧客，憑購物票據即可免費獲贈《生活家》雜誌一本。每天限前 200 名。

活動時間：9 月 3 日、4 日、10 日、11 日

3.各分店促銷安排

◎××1 分店：

⑴我為老師唱首歌──××歌會

報名時間：9 月 1 日～9 月 9 日

報名地點：一樓服務台

活動時間：9 月 10 日

活動地點：店外東側

⑵描繪——國畫展

××為您提供展示您繪畫的園地，用您的繪畫來表達我們的熱愛。每人限交 1 幅作品。

徵集時間：9 月 1 日～9 月 11 日

徵集地點：××商場××1 分店

◎××2 分店：

⑴教師節購物有驚喜

憑教師證在 1 樓(星期六)女鞋專櫃購新款單鞋滿 299 元減 88 元現金。

時間：9 月 1 日～9 月 11 日

⑵花王大型展賣活動

活動時間：9 月 1 日～9 月 4 日

地點：××2 分店 1 樓正門

◎××3 分店：

⑴9.9 天長地久　甜蛋糕送給您

在 9 月 9 日當天，凡在本店購物滿 599 元(單張票據)的顧客，憑購物票據即可領取甜蜜心形蛋糕 1 個，限前 100 名顧客。

⑵辛勤的園丁　美麗的教師

凡在本店購物的顧客，憑當日購物票據及教師證即可領取價值 100 元的美容卡 1 張。每人限領 1 張，數量有限送完為止。

活動時間：9 月 1 日～9 月 10 日

◎××4 分店：

⑴「老師您辛苦了」大型文藝晚會

報名時間：即日起至 9 月 5 日

活動時間：9 月 10 日 18：00～19：00

地點：××4 分店 1 樓店外

⑵教師節歡樂送

當日購物滿 500 元的顧客，憑教師證免費領取精美禮品一份，每人限 1 份，限前 50 名，數量有限，送完為止。

時間：9 月 10 日

地點：××4 分店二樓觀光梯

◎××5 分店：

「購物大抽獎禮券大回饋」

凡當日購物的顧客，只要在票據的背面寫上自己的姓名、身份證號碼投入獎箱內，即可參加抽獎。本商場將在當天的 10：00～22：00，每兩個小時分別抽取幸運顧客 10 名，現場中獎的顧客，將得到全額返還，不在現場的顧客半額返還。憑原始票據和本人身份證，返還相應金額禮券。最高中獎金額 5000 元，個稅自付。中獎顧客恕不電話通知，詳見店內明示。

活動時間：9 月 1 日～9 月 7 日

活動地點：××5 分店一樓西門

七、費用預算（略）

第 **7** 章

商場中秋節的促銷

在傳統節日當中，除春節外，第二大節慶當屬中秋節。每年中秋均為零售業銷售的高峰時段。中秋前一週產品的銷售節節攀升，銷售量往往比平時增長三成，而到節日前一兩天銷售更將成倍激增，超市門店的促銷氣氛也像春節一樣全面進行。

🔊)) 第一節　百貨商場的中秋節促銷

在中秋節促銷期間，為營造節日氣氛，各大超市內到處飄蕩著降價條幅。除了為中秋節促銷搭建月餅專櫃外，許多超市還添加了饋贈禮品的櫃台。中秋節除了最具代表性的月餅外，名酒、名茶、保健品等禮品也都是熱賣商品，也就成了重點促銷商品。

中秋節作為最重要的傳統節日之一，商場該如何開展促銷活動

呢？

1.確定促銷時間

中秋節的促銷時間一般都比較長，在一個月左右，尤其是針對月餅的促銷活動，從每年的農曆七月十五就開始了，一直持續到中秋節。

2.明確促銷主題

中秋節是團聚的日子，這一天，全家人要在一起吃團圓飯，許多在外地的人也都儘量在這一天趕回家。因此，促銷的主題也要與此相關，要表達家庭團圓、幸福美滿、和諧平安、吉祥如意等概念，如「濃情中秋喜獲祝福」。

一個好的促銷主題會成為一個好的市場賣點。中秋節，有一家零售業開展了一項主題為「把你的聲音帶給你的父母」的 WALKMAN 促銷活動——將 WALKMAN 與月餅、水果等組合而成的禮盒，廣受歡迎，促銷效果異常好。中秋節是團圓節，又是敬老節，這時不論子女身在何方、工作忙碌與否，都要與父母進行情感交流、表示對他們的關心。這是人類的天性使然，是中國的傳統。現代社會提供了一個空間，使得人們可以通過聲音來傳遞情感；另外，在日常生活中，絕大多數父母並不指望子女孝敬錢物，只是希望能夠與他們經常溝通感情，而子女平時卻是忙於工作或自己的小家庭，較少顧及父母。在中秋節，子女向父母送上一台 WALKMAN，聊表愛心，自然會受到歡迎。

3.選擇促銷商品

在商品的選擇上，中秋節促銷首先要考慮與這個節日相關的特定習俗。吃月餅是中秋節的一個重要習俗，月餅象徵著團圓，因此中秋節促銷月餅是大項。其次，中秋節促銷還應圍繞中秋送禮的概念，充分引導節日禮品的銷售。除了月餅以外，重點引導銷售的禮品可以有：名煙名酒、滋補保健品、金銀珠寶、鐘錶、化妝品禮盒、箱包、

棉毛內衣等。此外，中秋節以後天氣逐漸轉冷，還可以圍繞季節特點，重點引導服裝類商品的銷售。

4.營造促銷氣氛

——主題陳列。

商品：月餅(所有分店做月餅一條街陳列)、煙酒、禮品花籃等(堆頭陳列)。

飾物：燈籠、彩旗、吊旗、橫幅、燈謎等。

——媒體宣傳、手招宣傳。

媒體上可適當做宣傳，也可與國慶促銷內容一起宣傳。

促銷商品以月餅、煙酒、禮品、保健品、水果、禮籃為主。

——吊旗、橫幅。

中秋吊旗、促銷活動橫幅的製作，吊旗可附加月餅供應商的宣傳。橫幅則以與中秋相關的促銷活動主題做宣傳。

通過吊旗、橫幅作為中秋賣場的主要飾物，必須使顧客感覺到門店在過節的氣氛。

——壁報、海報、廣播宣傳。

壁報以中秋知識、特價商品、大型促銷活動內容為主，海報廣播則以月餅特價、中秋促銷活動和簡要中秋知識做宣傳。

5.特色活動

好的促銷必須體現出商場的個性，寫上獨一無二的標籤、規劃一些獨特的活動是其中方法之一。曾有一商場在中秋節時組織了一次「咬月大賽」，儘管限定 64 人參加，但卻引多起達 300 人圍觀，並產生了很大的影響。具體策劃如下：

⑴參賽人員：限 64 名。

⑵比賽時間：9 月 25、26、28 日(中秋節)晚上 19：30～19：30

分。

⑶報名方式：可憑電腦票據至一樓服務中心或憑電腦票據現場報名參加。

⑷比賽方法：參賽人員共分成 8 組，每組 8 名參加初賽，平均每人一個相同大小的月餅，在規定時間一分鐘內，吃得最快和沒有違規者為獲勝者。在比賽過程中由本商場工作有員卡表計時為準，不得將月餅扔在地面，違規者視為無效。在每組中選出第一名，參加決賽，評選出一、二、三等獎、幸運獎以及參與獎。

⑸獎項設置：

一等獎 2 名：各獎價值 400 元月餅禮盒一盒；

二等獎 3 名：各獎價值 180 元月餅禮盒一盒；

三等獎 5 名：各獎價值 150 元月餅禮盒一盒；

參與獎 54 名：凡參加者均可獲得價值 50 元月餅 1 個或價值 20 元其他紀念品一份。

◀))) 第二節　中秋節促銷主要手段

中秋節是一個重要節日，其促銷手段也就多種多樣，其中最常用的有以下幾種：

一、禮券

節日送禮是商場慣用的促銷主題，特別是在傳統節日的中秋節，因而贈送禮券是首選的促銷方式之一。

某超市通過「今年中秋，你可品出了月亮的味道；禮到心意到、百萬情意到」的口號，推出了一系列的促銷優惠活動：

從 8 月 30 日至 9 月 23 日，凡一次性購任何商品滿 100 元，即送「中秋禮券」一份，單張票據限送 5 份。

禮券使用說明：

——憑此券購月餅（指定以下十個品牌商品）任意一禮盒抵 5 元。指定十大品牌為：利民、百威等。

——購保健品（指定 20 個單位）一盒分別省 1 元、2 元、3 元、5 元活動。百萬禮券商品為您省錢。

中秋節禮贈送禮券類型主要是和節日有關的小商品，象徵著節日氣氛的禮品最能吸引顧客光臨。通過給顧客一些小實惠來吸引更多消費者，提升人氣，這種氣氛的營造比禮券本身更吸引消費者。

二、特價優惠

有些超市在中秋節促銷推出各種商品的特價優惠活動，特價優惠活動與贈送禮券相比是更為直接有效的促銷方式，但是特價優惠方式不容易控制價格，有時對商品本身定位容易引起反面反應，因而一般情況較高級商品不建議用直接降價的方式。一些生活易耗品用特價優惠的方式居多。

中秋節特價優惠的商品當然首先在於月餅。超市月餅區幾乎所有品牌都掛上降價牌，一些老字號品牌的月餅降價幅度較小，大多降了20%左右，其他一些品牌甚至原價可以買兩盒。

除了月餅之外，其他保健品也有大幅降價。

三、滿額送

還有一些商場利用滿額送的優惠促銷，這種促銷方式主要是促使消費者大額購買。

例如某超市實行以下的促銷方式：

· 憑購物單票滿 400 元贈送 500ml 百事可樂一瓶。
· 滿 500 元贈送 20 粒真心卷紙一提。
· 滿 800 元贈送 2.5L 金龍魚沙拉油一桶。
· 憑購物單票滿 600 元+1 元贈送 3L100%葡萄酒一桶，送完為止（與其他活動不同時享用）。

還有超市的促銷活動為「購物滿 200 元者憑購物票據即可到服務台領取月餅一份。VIP 顧客在此期間購物雙倍積分，同時贈送價值 550

元美容美體卡一張」。

這種促銷方式同樣可以吸引大多數消費者的目光。

四、商品展銷

這是中秋節促銷針對促銷商品主要的促銷手段,大量節日特色商品集中陳列展銷,通過視覺感官的衝擊力來吸引消費者。商品展銷給消費者帶來商品豐富化、多樣化的形象,更能吸引消費者。

例如:月餅紅酒展銷會;陽光大廳陳列展,與供應商聯合推出聯展促銷品。

五、搶購

搶購一般是限時或者限量搶購,容易營造熱鬧場面,更能吸引消費者駐足,以便於促成衝動交易。

某超市中秋節推出「瘋狂搶購只需 1 元」促銷活動,拋售 1 元月餅,每一小時拋售一次。商品主要是五連包速食麵、蛋黃派、黑木耳等。

這些系列優惠促銷使得超市低價策略表現得淋漓盡致,消費者很容易被這些促銷方式所感染,試想在超市中以上的系列促銷接踵而來,勢必營造出超低售價熱鬧購物氣氛。

六、文化促銷

文化促銷被越來越多的超市應用,文化活動能夠在長期形象宣傳

上對超市產生良好影響。

　　某商場進行「海上升明月，天涯共此時——中秋猜謎對詩會（超市聯手）」的文化促銷活動。在活動期間，超市賣場懸掛謎語、古今詩句，當日購物（不限金額）的顧客均可參加活動。顧客持當日購物微機票據和猜中的謎語、詩句到兌獎處領取中秋禮品一份。每人限猜兩條。超市每天限猜 300 份，猜完為止。凡顧客能正確猜對的，由工作人員收回；顧客未猜對的由工作人員重新掛回賣場。

🔊))) 第三節　中秋節的娛樂促銷

　　超市的娛樂促銷可以充分激發起消費者的購物熱情，使顧客在娛樂氣氛下購物，並吸引其衝動購物。

　　利用娛樂促銷的形式進行中秋節促銷活動，其活動持續時間為 9 月 16 日、17 日、18 日，促銷主題為「歡樂××行，月圓人團圓」，從主題上可以透出中秋節的濃濃氣氛。

　　娛樂促銷的關鍵在於活動安排。活動安排是娛樂促銷過程中最重要的步驟，關係到整個促銷活動的成敗。通常來講，促銷活動的主要內容為互動遊戲和系列演出活動。具體安排什麼活動要結合超市本身的情況和銷售狀況的良好程度。

　　在娛樂促銷中，演出、比賽通常都是其中比較重要的元素。

一、演出

演出活動的優點是現場容易控制，主動權決定在主辦方，這樣現場秩序就可以很好控制，不至於發生意外事件。缺點是如果演出不是消費者喜歡的可能造成冷場，促銷效果會受到嚴重影響，並且沒有和消費者的互動。

某活動形式主要是演出活動，具體包括：婦兒區的幼稚園專場演出、少兒藝術劇院皮影戲表演，休閒區的冬季服裝新品發佈會，外部廣場主題為「感恩的心、感謝有你」中秋月圓入團圓，活動的主要內容是舞蹈和其他的文藝節目的演出。參與其活動的協作部門主要是綜合辦、物業部、保衛部等，除了這種形式的演出活動促銷以外，還有許多以比賽形式進行。

以下是該次娛樂促銷活動中演出的具體內容：

1. 婦兒區

9 月 16 日下午 14：00 幼稚園專場演出

9 月 17 日下午 14：00 少兒藝術劇院皮影戲表演

9 月 18 日下午 14：00 少兒藝術劇院皮影戲表演

2. 休閒區

9 月 16 日上午 10：30～12：00 冬季服裝新品發佈會

下午 15：00～16：00 服裝拍賣會

9 月 17 日上午 10：30～12：00 冬季服裝新品發佈會

下午 15：00～16：00 服裝拍賣會

9 月 18 日上午 10：30～12：00 冬季服裝新品發佈會

下午 15：00～16：00 服裝拍賣會

3.外部廣場

9月16日18:30～20:00中秋月圓人團圓——親情篇

主題：感恩的心、感謝有你

內容：晚會整場貫穿孝敬父母，歌唱父母的養育之恩，感謝長輩、主管對自己成長的關愛為主題，穿插相關主持詞及小遊戲

9月17日18:30～20:00中秋月圓人團圓——友情篇

主題：你從那裏來，我的朋友

內容：歌唱朋友的關懷和友誼、思念，穿插相關主持詞及小遊戲

9月18日18:30～20:00中秋月圓人團圓——愛情篇

主題：但願人長久，千里共嬋娟歌舞

內容：以歌舞晚會的形式與觀眾朋友一同聯歡，共度中秋。

二、趣味比賽

與演出相比，比賽活動的優點在於可以和在場觀眾互動，容易激起現場氣氛。和消費者交流可以促進衝動購買，引起消費者注意。缺點是活動現場不容易控制，如果現場有些觀眾起哄，則情況就更不容易控制。

比賽活動內容和節日氣氛相匹配，某超市在中秋節進行下面比賽活動：

——運動寶貝速爬王比賽。

報名條件：

凡9月至10月份出生的嬰兒，家長持出生證、戶口名簿來本超市可以領取價值10元的精美禮品一份（每人限領一份，而且必須持有××超市當期的宣傳DM）；另外，9～10月出生的嬰兒，憑出生證和

戶口名簿，可免費報名參加運動寶貝速爬王的比賽。

具體內容包括：比賽時間、比賽地點、獎項設置、每場冠軍、總冠軍的確定。

比賽方法：在一段 10 米的跑道上事先用塑膠拼圖地板在地上搭好跑道，每道的顏色不同，4～6 名嬰兒在起點同時爬行，家長可在一邊用任何方式引逗兒童前進(但不得接觸兒童身體)，最先爬到終點的獲勝。由工作人員記錄用時並張榜公佈。爬出跑道的屬犯規，接觸兒童身體也屬犯規且不得繼續比賽。每天賽兩組。

每場冠軍獎品當即發出，成績評定則由所有場次結束後，彙總成績，公佈情況，電話通知總冠軍。建議請公證處公證。

前期宣傳：店內 DM 及各個媒體上的廣告宣傳。

平面設計：嬰兒抓拍的圖片(抓到的是特寫本超市，活動宣傳，參賽須知，本超市的背景)。

準備工作：主要包括前期宣傳、跑道的佈置、獎項的準備提供、設置、記分的表格、公示的展板。

進行這樣的比賽容易營造熱鬧氣氛，更增加了節日氣息，促銷效果較佳。

🔊))) 第四節　中秋節促銷方案

案例 1：超市中秋節的促銷方案

一、活動目的

以中秋月餅的消費來帶動賣場的銷售，以超市的形象啟動月餅的銷售。預計日均銷量在促銷期間增長 10%～20%。

二、活動時間

9 月 3 日～9 月 12 日

三、活動主題

××禧中秋

四、活動地點

××超市

五、活動準備工作

(1)媒體

在音樂交通頻道，隔天滾動播出促銷廣告，時間 8 月 17 日～9 月 12 日，每天播出 16 次，15 秒/次。

(2)購物指南

在 9 月 1 日～9 月 13 日的「購物指南」上，積極推出各類的促銷資訊。

(3)店內廣播

從賣場的上午開業到打烊，每隔兩個小時就播一次相關促銷資訊

的廣播。

(4)賣場佈置

(5)場外：

· 在免費寄包櫃的上方，用萬通版製作中秋宣傳。

· 在防護架上，對牆柱進行包裝，貼一些節日的彩頁來造勢。

· 在廣場，有可能的可懸掛氣球，拉豎幅。

· 在入口，掛「×××禧中秋」的橫幅。

(6)場內：

· 在主通道，斜坡的牆上，用自貼紙、萬通板等來裝飾增強節日的氣氛。

· 整個賣場的上空，懸掛可口可樂公司提供的掛旗。

· 在月餅區，背景與兩個柱上布「千禧月送好禮」的宣傳；兩邊貼上可口可樂的促銷宣傳；月餅區的上空掛大紅燈籠。

六、活動內容

(1)買中秋月餅送可口可樂：

買 90 元以上中秋月餅送 355ml 可口可樂 2 聽。

買 200 元以上中秋月餅送 1250ml 可口可樂 2 瓶。

買 300 元以上中秋月餅送 2000ml 可口可樂 2 瓶。

(2)禮籃：分別為 598 元、698 元、298 元三個檔次。

298 元禮籃：七星香煙+加州樂事+價值 80 元中秋月餅+腦白金；

198 元禮籃：雙喜香煙+豐收乾紅+價值 60 元中秋月餅+腦輕鬆；

98 元禮籃：價值 40 元中秋月餅+20 元茶葉+加州西梅。

(3)在促銷期間(9 月 3 日～12 日)，在賣場凡購滿 300 元者，均可獲贈一盒精美月餅(價值 20 元/盒)。

(4)在 9 月 10 日的「教師節」，進行面向教師的促銷：凡 9 月 9

日～10 日兩天在×××購物與消費的教師，憑教師證可領取一份精美月餅或禮品。

七、費用預算

媒體廣告費：100 萬元

可口可樂系列贈品：50 萬元

場內、場外的佈置費：20 萬元

月餅費用：20 萬元

共計：190 萬元

八、活動注意事項及要求

1. 其他支持

⑴保健品進行讓利 15%的特價銷售。

⑵團體購滿 2 萬元或購買月餅數量達 20 盒，可享受免費送貨。

2. 具體操作

⑴交通頻道的 15 秒廣告，由公司委託 A 公司廣告製作，在廣告合同中應當明確不同階段的廣告內容；預定在 8 月 16 日完成。

⑵購物指南由採購部負責擬出商品清單，市場部負責與福州晚報印刷廠聯繫製作。具體見該期的製作時間安排。

⑶場內廣播的廣播稿由市場部來提供，共三份促銷廣播稿，每份均應提前兩天交到廣播室。

⑷場內、外佈置的具體設計應市場部、美工組負責。公司可以製作的，由美工組負責；無能力製作的，由美工組聯繫外單位制作，最終的佈置由美工組來完成。行政部做好採購協調工作；預定場內佈置在 8 月 18 日完成。

⑸採購部負責引進月餅廠家，每個廠家收取 5000 元以上的促銷費。同時負責制定月餅價格及市場調查計劃，在 8 月 5 日前完成相關

計劃。

⑹工程部安排人員負責對現場相關電源安排及燈光的安裝,要求於 8 月 10 日前完成。

⑺防損部負責賣場防損及防盜工作。

⑻生鮮部負責自製精美月餅的製作。

3.注意事項

⑴若場外促銷的佈置與市容委在協調上有困難的,場外就僅選擇在免費寄包櫃的上方,用萬通版製作中秋宣傳。

⑵若在交通頻道上的宣傳不能達到效果時,可選擇在報紙等其他媒體上進行補充宣傳。

⑶市場部應進行嚴格的跟蹤,對出現的任何異樣及時進行糾正。

案例 2：某購物廣場的中秋節促銷方案

一、活動目的(略)

二、活動時間

9 月 1 日～9 月 29 日

三、活動主題

「來×××過中秋節」

四、活動地點

×××購物廣場

五、活動準備工作

1.媒體宣傳

⑴車身條幅 10 面,樓體大條幅一面。

⑵9 月 23 日～9 月 27 日晚間橋頭電視台主題廣告播放。

⑶彩色 DM 快訊 2 期，各 20000 份（4P、分三個活動時期在大門口派發即可）。

⑷廣場充氣柱兩個（做「來×××過中秋節」）。

⑸現場海報宣傳（不同時段展示不同主題海報）。

⑹大門口門頭大型噴繪展示。

⑺服務中心各個活動期間每小時 3 遍廣播告知。

⑻收款員、營業員向顧客的主動告知（相關管理部門加強活動培訓、抽查、策劃部將監督宣傳程度）。

2.各個活動現場主題氣氛佈置。

3.促銷商品及贈品、獎品備貨。

4.活動舞台搭建。

5.演員聯絡。

6.部門分工與協調等。

六、活動內容

1.中秋月餅街──花好月圓　佳節同賞

目的：通過月餅的大量陳設和新穎的設計佈局，會吸引顧客的購買慾望，從而製造人氣，帶動整個食品區乃至商場的整體銷售。

時間：9 月 12 日～9 月 28 日

地點：二樓

2.方言詩詞朗誦會──鄉情鄉音　鄉裏鄉親

目的：製造富有地域特色和民族語言文化的噱頭，吸引消費者注意力，喚起消費者的家園意識，豐富我商場的文化營銷模式，帶動消費市場的發展。同時提高商場親和力，塑造企業品牌形象。

時間：9 月 10 日、17 日、24 日晚 7:00

地點：舞台

3.賀中秋超值大換購——天天平價　真正實惠

目的：舉辦提高客單價的活動，給予顧客真正的實惠，提高顧客忠誠度，有力拉動百貨區和超市區銷售。把真正的實惠給到顧客手中，這是最直接、最簡單也是最有效的營銷方法。

時間：9月1日～9月9日

地點：大堂

4.「餅餅」有禮——×××中秋獻禮

目的：舉辦提高客單價的活動，給我商場的主要消費對象——外來人群以節日問候，提高我商場的親和感，帶動整體銷售。

時間：9月21日～9月26日

地點：服務中心

5.月餅之王——橋頭最大的月餅

目的：製造新聞噱頭，使之成為本地中秋節活動的一大看點。

時間：9月15日～9月28日

地點：一樓中庭

6.×××中秋歡樂會——大家辛苦啦！

目的：提高內部員工士氣和歸屬感，類似的放鬆活動也有助於提高工作積極性，讓顧客看到我們企業的活力和內部文化、企業面貌。

時間：9月28日晚上23:00～0:00

地點：廣場舞台

7.花好月圓攝影套餐大獻禮——留住美麗瞬間

目的：推廣婚紗攝影專櫃形象與銷售，提高整體銷售額。

時間：9月19日～9月30日

地點：攝影專櫃

8. 濃情時分婚紗秀——十五的月亮十六圓

目的：拉動銷售，彙聚人氣，展示員工風采。

時間：9 月 29 日晚

地點：一樓中庭或廣場

9. 中秋燈謎會——買月餅　猜燈謎

目的：繼續用傳播傳統文化的方式，使顧客在享受的同時，精神生活也得到滿足。

時間：9 月 25 日、26 日、27 日

地點：西瓜街區域、服務中心

七、費用預算（約數）

1. 活動宣傳費用按照以上計劃的實際投放設施產生費用統計，總體應控制在 26 萬元以內。

2. 本月活動需要較多贈品，希望採購部能向商戶溝通贊助，如能達到則可省去 50%的費用。活動贈品（換購商品、大月餅、贈送月餅、歡樂會食品等）產生費用根據以上活動實際產生費用登記標準為準，視商戶可贊助數量統計，總體應控制在 25 萬元以內。

3. 所有專櫃涉及活動，百貨部均需提前向專櫃洽談扣點贊助事宜。

4. 活動整體費用應控制在 35 萬元以內，不超出月整體銷售額的 1%。

第 8 章

商場在國慶日的促銷

國慶日被零售業稱為黃金週,是零售賣場促銷的必選節日。國慶日節日促銷最佳時間為提前一週至假期結束。促銷方案應該從兩方面著手:一是提高企業形象(長遠);二是促進銷售(短期)。

陳列的商品除了要選擇旅遊商品之外,送禮的禮品、入秋的暢銷品也要加強陳列。超市可設立旅遊用品區、送禮佳區等,起到引導消費的作用。同時店面裝飾要加強,可以統一製作慶祝建國週年的大型橫幅,門店裏面也要佈置出喜慶的氣氛。

🔊))) 第一節　國慶日娛樂促銷

娛樂促銷是國慶長假期間常用的促銷手段。娛樂促銷首先要突出節日娛樂氣氛。某商場在國慶日為了做好促銷工作,提高超市的知名

度，推廣部制訂了相應的方案。

為慶祝國慶佳節，商場配合此次活動推出了一系列特價、打折、送券活動。具體內容如下：

1. 百年校慶　××同賀──××商場恭迎返校學子光臨本商場

國慶日期間正值當地某高校百年校慶，於是商場決定以此為主題開辦一場促銷活動，規定國慶日返校學子憑有效證件，可到商場一樓總服務台領取 VIP 金卡一張；返校學子在光臨該商場時，可憑有效證件在總服務台領取一張「頂樓旋宮」的嘉賓（免費）參觀券。另憑此券可不定期參加該商場的抽獎活動，並可在購物時參加商場同期開展的優惠活動。

2.「舊帽」換新顏

在 10 月 9 日當天，消費者帶任意品牌任何一款帽類產品，都可來本商場領紀念版釣魚帽一頂，或憑該產品購物票據折價 10 元（或給予折扣），限購帽類產品，舊帽收回。

3.特價商品特價限購

活動期間，商場每日推出十款特價商品進行特賣，該市十所大學的學子均可憑學生證進行購買，會員則需要會員卡進行購買。

在上述促銷活動中，整個活動由該市公證處公證，幾種促銷手段相結合，取得了很好的效果。

娛樂促銷的關鍵在於選取何種娛樂活動，主要是活動的策劃，這就要求負責人員能夠安排好活動內容，可以突出娛樂氣氛，吸引大眾的眼球，刺激購買。

◀))) 第二節　國慶日其他促銷手段

一、有獎促銷

　　有獎促銷的關鍵在於獎項設置與抽獎形式。國慶日是國家規定的重大節日。許多人都將此作為休閒娛樂的最佳時期，因此促銷活動力度都比較大。有獎促銷在這種節日氣氛的烘托下更能營造氣氛，特別是對於超市這種直接面向日常消費品的購買者的終端客戶更有意義。

　　某超市在一年的國慶日開展了一次有獎促銷，活動時間為 8 月 19 日至 10 月 22 日，凡當日在該超市購物的顧客，憑當日購物票據（無論金額多少），均可在總服務台摸獎一次。根據摸獎箱內乒乓球上標有獎品的等級，獲得相應的獎項。

　　獎品共分為五等，具體設置如下：

　　一等獎：紀念版休閒包一隻；

　　二等獎：紀念手錶一隻；

　　三等獎：紀念馬克杯一套；

　　四等獎：運動帽一頂；

　　幸運獎：本超市氣球一隻。

　　抽獎活動的關鍵在於其獎項是否吸引人，因此有獎促銷中，獎項的設置至關重要。

二、文化促銷

文化促銷的關鍵在於活動內容的選擇。利用文化促銷主要目的是通過促銷活動為自己樹立良好的社會形象，這對於消費者的影響是比較長遠的，特別是國慶日文化氣氛更加濃烈，這需要超市的策劃人員集團體力量策劃出合適自己超市定位的促銷活動。

某商場進行以下系列文化促銷：由於近年來韓國文化十分流行，在國外運動員文身又十分流行，而彩繪是用天然植物顏料畫在皮膚上，是暫時性的「文身」；為引領時尚、導入個性化的潮流，激發創意靈感，該超市通過韓國文化活動來帶動超市促銷，與某彩繪店聯繫，做了一個彩繪 SHOW。

在該次活動中，著重做好以下工作：一是模特的徵募；二是確定好活動的時間和地點；三是協調好費用的分攤問題。

恰當的文化促銷可以突顯時代氣息，更容易吸引年輕人的目光。

三、比賽

這是有獎促銷中的一種形式，通過比賽活動來進行促銷。比賽現場控制得好可以激發觀眾的積極性，其促銷效果要比單純的有獎活動更好。

例如某超市舉行的「飛鏢大賽」，凡當日在該超市購物滿 500 元以上者（含 500 元），均可獲得一次擲飛鏢機會。一次可擲飛鏢三隻，以此類推，多買多擲。

‧三次累計得分滿 80 分以上者（含 80 分），可獲運動包一隻。

· 三次累計得分滿 60 分以上者(含 60 分),可獲球星卡一套。

· 三次累計得分滿 30 分以上者(含 30 分),可獲運動帽一隻。

這種促銷形式可以充分地激發消費者購物積極,也能活躍現場氣氛,是國慶日活動方案較佳選擇。

第三節　國慶日促銷活動如何開展

每年的國慶日是零售業銷售的一個高峰,是百貨商場提升銷售額的一個好時機。那麼,百貨商場該如何有效地開展促銷活動呢?

1.賣場氣氛塑造

——商品陳列。

國慶日的節日主題陳列商品除了要選擇旅遊商品之外,送禮的禮品、入秋的暢銷品也要加強陳列。各店可設立旅遊用品區,送禮佳區等,要起到引導消費的作用。

——賣場裝飾。

國慶日促銷活動的店面裝飾要加強。一般來說,百貨商場都會統一製作慶祝國慶的大型橫幅,賣場通常要佈置出喜慶氣氛。要製作專門的主題手招來宣傳特價商品和促銷活動。店內外的橫幅都要以慶祝國慶為主題。

——壁報、海報、廣播。

壁報內容主要包括國慶日專欄、旅遊推介、促銷活動等,海報、廣播除需要對促銷活動做詳細介紹之外,其他內容自選做宣傳。

2.促銷時間的確定

國慶日促銷年的最佳時間段是 9 月 25 日～10 月 10 日。

3.促銷主題選擇

節日促銷主題選擇關鍵是要找到節日和企業活動的結合點。國慶日促銷主要以「國慶，萬民同樂」為主題，同時結合秋冬裝上市開展其促銷活動。國慶日，以活躍節日市場、滿足消費者需求為基點，以「與國同慶，與消費者共用」為主題，全面推出了統一力度的常規性促銷活動。

由於國慶日和中秋節距離很近，許多百貨商場將這兩個節日放在一起進行宣傳，開展促銷活動。例如：某廣場開展「禮滿中秋」的促銷活動，共同慶祝中秋節和國慶日。

4.營業時間的安排

由於國慶假期是人們集中購物的時間，雖然借助各類促銷活動賺得足足的人氣，但仍有不少商家並不滿足於此，往往會推出「夜賣」活動，延長營業時間，這不僅可以增加銷售額，同時也滿足了消費者在假期希望有更多購物時間的需求。

在國慶日，從 10 月 5 日開始，商場把營業時間延長了一個小時，而有的商場在延長營業時間的同時，更是推出零點搶購活動，以大幅優惠保證「夜賣」人氣。

由於 9 月份、10 月份是百貨商場銷售的旺季，正趕上秋冬服裝上市促銷、夏裝清倉促銷，國慶日又和中秋節很近，因而促銷活動也往往連起來一起搞。兩個大的節日，其促銷手段多種多樣，集打折、返券、送禮品、抽獎、娛樂、文化、公益活動於一體，多種促銷手段相結合取得很好的效果，被多數商家所重視。其中，打折、滿就送、抽獎仍是國慶黃金週吸引顧客消費的基本套路。

5.打折優惠

打折是百貨商場最古老最基本的促銷手段了。百貨商場在使用這

一促銷手段時，可以對不同的商品實行不同的折扣力度。例如，在
2012 年國慶日，某商場對家電、皮鞋就實行了不同的打折方案。從 9
月 21 日～10 月 10 日，商場對百台彩電實行 8 折酬賓；而對男女鞋，
則實行部份 8 折，並憑報角再優惠 100 元，同時可以參加抽取彩電活
動。

百貨商場仍是以打折為主要促銷手段。大規模的打折促銷活動，
讓百貨商場裏擠滿了手提肩背、收穫頗豐的消費者。百貨都在搞購物
打折活動，不斷有成批的消費者穿梭在幾個商場之間比較商品價格，
幾乎讓當地的交通「癱瘓」。

某商場在國慶日時對體育用品進行優惠銷售，時間從 9 月 24 日
至 10 月 10 日，對耐克(部份新品除外)、阿迪達斯、花花公子、迪阿
多娜等品牌 8 折銷售，而對特步、喬丹、維斯凱、NO NAME、德爾惠
等品牌則是 7 折銷售。

6.抽獎

抽獎主要是為了烘托賣場的節日氣氛，營造萬人購物的熱鬧場
景，某商場推出「××商場國慶同歡樂好夢成真大抽獎」活動，在 9
月 24 日～9 月 29 日期間，凡當日購物滿 1000 元的顧客，可憑購物
票據換取願望卡一張(每人僅限一張)，在獎品展示處挑選出一種最喜
愛的商品，將其對應的編號及相關資訊填寫在願望卡上，投入抽獎箱
中，即有機會獲得該件獎品。每天將產生 5 名幸運顧客。

另有一商場推出憑票據抽獎活動，主題為：「國慶日盡享意外驚
喜今日購物不花錢」(9 月 30 日至 10 月 15 日)——凡當日購物的顧
客，可在購物票據的背面註明姓名、聯繫電話、身份證號碼，放進抽
獎箱內參加抽獎，商場將於每日分兩次，共抽取 30 張購物票據(其中
全額返還 10 張，半額返還 20 張)。9 月 30 日和 10 月 10 日另增加

22:00、23:00、24:00 三次抽獎（每次抽獎全額 5 名，半額 10 名）。

這種抽獎方式會使顧客大量聚集，很容易營造節日隆重熱鬧的氣氛，在比較重大的節日促銷中不失為一個好的促銷手段之選。

7.禮券

購物送禮券是近年來商場促銷中用的最多的促銷方式。一般來說，送禮券的條件就是「購滿一定額度」，同時也有許多商場限量贈送。

例如，某商場在 9 月 24 日至 10 月 15 日之間開展了「國慶日禮券免費送」的活動。凡當日購物滿 200 元的顧客，即可憑購物票據領取免費券一張，××店（舍賓試跳券含淋浴，桑拿），××（超值美容卡）每天限前 100 名，先到先得，送完為止。

送禮券最基本的形式是購物返券，例如「滿 1000 元返 500 元」、「滿 1000 元返 150 元」等。

近年來出現了另一種趨勢，返券力度越來越大。總之，通常返券上不封頂，買得越多返得也越多。

這個形式的促銷有限量，顧客接受到促銷活動資訊，都會儘量趕在送完之前購買，營造一種爭奪商品的氣氛。

8.商品展會

十月份正值冬秋裝上市，百貨商場一般都會開展一些服裝展出會，以輔助促銷活動一起進行。某商場曾在國慶日時推出過「第十屆羊絨羊毛衫大世界」等精品專題活動，取得了不錯的效果。

國慶日期間還是眾多伴侶結婚的時間，許多商場也趁機進行一些婚紗展出，同時開展有關諮詢活動。某商場曾於 9 月 27 日至 10 月 15 日國慶期間開展了「××商場金秋十月——婚紗大聯展」活動，活動期間商場為顧客準備了一系列婚紗服裝展，除了一些精彩的婚紗表

演，還可現場諮詢婚紗事宜。這種商品展會給顧客更多認識和瞭解服裝發展潮流，更受顧客歡迎。

9.文化活動

國慶日文化活動促銷更能體現出其獨特魅力，某商場推出一系列的文化促銷活動。

國慶日賽特購物中心推出了「賽特幫你充電——學習英語新體驗」和「綠色感言——珍惜環境」兩項文化活動。9 月 9 日至 10 月 10 日，當日一次消費（一張銷售憑證）滿 800 元的顧客，獲贈價值 500 元的新橙英語聽課證代金券一張。而在 10 月 1 日～10 月 10 日，顧客只要將 10 個廢舊電池交到賽特購物中心即可領取禮品一份。

某商場曾在國慶日舉行過漫畫比賽活動，在 10 月 9 日國慶日即將來臨之際，凡到店的小朋友，均可將自己最好的漫畫，交到商場服務台，即有機會獲得意外驚喜。優秀作品還將在店內樓梯處進行張貼。

10.娛樂活動

娛樂活動也是商場常用的促銷手段。例如某商場舉行過飛鏢比賽，9 月 27 日～9 月 29 日，凡當日購物滿 100 元的顧客，即可憑購物票據報名參加 9 月 29 日的飛鏢比賽，前 5 名有禮品贈送。

11.特色服務

許多商場在國慶日時開展特色服務項目，以吸引顧客。國慶日特邀著名化妝品形象設計師吉米現場為顧客免費形象設計諮詢。

9 月 13 日至 10 月 13 日，凡在購物中心購物的顧客即可免費獲得現場皮膚測試、日本最新脂肪測試分析及營養專家提供的健康飲食搭配建議，活動地點在 5 樓 VIP 服務中心。

商城於 9 月 29 日至 10 月 10 日，聯合曲美傢俱有限公司和龍順成中式傢俱廠，全新推出了「家居文化週」主題活動：

9月29日上午10點，商場在門前廣場舉辦了活動開幕式，之後由外國專家在5樓展區為消費者做「北歐生活和家居設計概念」的主題演講及諮詢；

10月8日下午15：00～16：00，簡約互動——電視台與顧客面對面；

10月9日，丹麥設計大師接待日——設計師現場解答消費者提出的問題，並免費為購買「曲美」的顧客提出家庭裝修裝飾設計建議案；

10月10日，明式傢俱鑑賞——介紹明式傢俱，鑑別珍貴木材，現場加工演示。

🔊))) 第四節　國慶日促銷方案

案例 1：某超市國慶日促銷活動

一、活動目的

借國慶日的時機，通過國旗彩繪活動，引領時尚、前衛的愛國情，刺激中青年消費者。

二、活動時間

9月29日～10月15日

三、活動主題

心情溢於言表　免費國旗彩繪

四、活動地點

××超市

五、活動準備工作

⑴活動宣傳工作。

⑵聯繫有彩繪能力，欲做宣傳的美容店。

⑶搭建活動舞台。

六、活動內容

⑴在顧客同意的臉、手背、膀、肩等處免費彩繪（國旗、本超市或合作單位標誌）；

⑵工作人員在臉、手背、膀、肩等處自畫國旗等標誌做引導，注意應以國旗圖案為主；

⑶場地可在室內或室外舞台旁，合作單位可適當做宣傳；

⑷凡接受彩繪者，贈送小國旗一面（本超市提供）；

⑸設法讓更多參加彩繪的人，在大街上、在商場內、在競爭對手商場內穿梭。

七、費用預算（略）

心得欄 _____

_____

_____

_____

_____

案例 2：某商場國慶日促銷活動

一、活動目的

1. 借助國慶日長假營造商場第二個銷售高峰，以及針對長假後的冷淡市場，有的放矢，減緩及減小銷售下降趨勢。

2. 通過此次活動活躍商場氣氛，凝聚人氣，刺激拉動消費；宣傳我公司的企業文化；將我商場打造成知名企業，一個定位於集娛樂、休閒、文化、購物、餐飲為一體的中心彙聚場所。

3. 通過活動挖掘潛在顧客，提高我商場的人氣量與銷售量，增加商場的美譽度和忠誠度。

二、活動時間

9 月 28 日至 10 月 28 日

三、活動主題

迎國慶，送大禮！

十一黃金週，×××真情大回報！

四、活動地點×××商場

五、活動準備工作

1. 場景佈置

⑴場外佈置：

充氣拱門 1 座（文案：×××真情大回報！）

⑵場內佈置：

分別在 1、2、3 樓電梯兩端懸掛宣傳指示牌。

2. 宣傳策略

⑴DM 海報宣傳(時間：9 月 27 日～9 月 29 日，海報製作明細略)；

⑵場外展板宣傳；

⑶場內播音宣傳；

⑷社區各人流密集處以小條幅宣傳，內容：「×××購物廣場祝國慶日快樂；國慶大宗購物熱線：×××××××」。

3.合作單位聯繫與談判

六、活動內容

1.購物滿 20 留住快樂瞬間

⑴活動時間：9 月 28 日至 10 月 28 日

⑵活動內容：

一次性在本商場購物滿 200 元以上，可憑電腦票據在商場入口處玫瑰雨婚紗攝影諮詢處參與抽獎活動。獎項設置如下：

一等獎：獎價值 2800 元攝影套餐；

二等獎：獎價值 1900 元攝影套餐；

三等獎：獎價值 1000 元攝影套餐。

詳情請到×××婚紗攝影諮詢處諮詢。

⑶備註：此項活動獎品由×××婚紗攝影贊助。

2.辦喜事，就找×××！

⑴活動時間：10 月 1 日～10 月 10 日

⑵活動內容：

活動期間我購物廣場為辦喜事的消費者準備了大量的結婚用品。並設有大宗購物服務點(服務中心)，並均可享有返利或打折優惠。同時結婚用品在一樓堆頭展銷，包括糖果、煙酒、飲料等。

3.買 50 元送 20 元現金券

⑴活動時間：9 月 18 日至 10 月 10 日

⑵活動內容：

凡一次性在本商場超市區購物滿 500 元，送價值 200 元的百貨部現金券一張，買 100 元送 2 張，多買多送。

⑶現金券的使用：

現金券在 10 月 1 日～10 月 10 日期間消費有效，只能在百貨部使用，現金券不設找零，不兌換現金。凡在百貨區消費滿 98 元時使用一張，滿 196 元時使用 2 張，以 98 為整數倍遞增，多買多用(特價除外)。現金券蓋有本公司財務印章均為生效。

⑷備註：此活動所有費用由百貨部自行承擔。

4.國慶出遊用品大展銷

⑴活動時間：9 月 28 日至 10 月 10 日

⑵活動內容：

1 樓：食品、藥品、護膚品等；

2 樓：旅遊一次性餐具、衛生用品等；

3 樓：旅遊箱、包、服飾、帳篷等。

5.國慶團購，現金折扣！

⑴活動時間：9 月 28 日至 10 月 10 日

⑵活動內容：

凡在活動期間在我購物廣場大宗、團購的均有折扣返利，買得實惠，用得舒心。

大宗、團購熱線：××××××××；聯繫人：×××。

6.大型文藝晚會，精彩紛呈！

⑴活動時間：10 月 1 日～10 月 10 日均有大型促銷活動、趣味遊戲和精彩文藝晚會。

⑵活動安排：(略)

7.×××生鮮驚喜總動員

驚喜第一重：早晨好而多，買菜送菜在行動！

活動時間：10 月 1 日～10 月 10 日

活動內容：

凡於此期間當日早晨 7:30～8:30 在超市區一次性購物 18 元均可獲贈新鮮蔬菜 1 把，一次性購物 36 元可獲贈新鮮蔬菜 2 把，一次性購物 54 元均可獲贈新鮮蔬菜 3 把，以此類推，多買多贈。憑電腦票據（限當日 7:30～8:30 的票據，金額可累計，票據不可累加）到商場出口處領取。生鮮每天準備 100 斤新鮮水葉菜。送完即止。

另：凡於此期間當日早晨 7:30～8:30 在超市區一次性購物 18 元均可獲贈新鮮麵包 1 個，一次性購物 36 元均可獲贈新鮮麵包 2 個，一次性購物 54 元均可獲贈新鮮麵包 3 個，以此類推，多買多贈。憑電腦票據（限當日 7:30～8:30 分的票據，金額可累計，票據不可累加）到商場出口處領取。麵包專櫃每天準備 100 個麵包。送完即止。

驚喜第二重：購物積分送大米，積多少送多少！

活動時間：10 月 8 日～10 月 14 日

活動內容：（略）

驚喜第三重：你有我有大家有，新鮮雞蛋拿到手！

活動時間：10 月 15 日～10 月 21 日

活動內容：（略）

驚喜第四重：×××特價總動員，讓您省心又省錢！

活動時間：10 月 22 日～10 月 31 日

活動內容：（略）

8.×××送禮大行動

⑴活動時間：10 月 1 日～10 月 31 日

⑵活動內容：

凡一次性在本商場超市區購物滿一定金額，均可到商場出口處換取同等值禮品，多買多送。具體內容為：

滿 180 元可領取×××卷紙 2 卷；

滿 280 元可領取×××紙巾 2 盒；

滿 380 元可領取×××洗衣粉 1 包；

滿 480 元可領取×××紙巾 1 盒、×××洗衣粉 1 包；

滿 580 元可領取×××雨傘 1 把。

⑶注意事項：

單張票據，不可累加；每張票據只有一次使用機會，凡參加了某一項活動後，均不可在參加其他活動；專櫃銷售不在其內。

七、費用預算

1. 小條幅：20 元/條×15 條=300 元

2. 海報：1500 元

3. 生鮮贈送：水葉菜 400 元

　　　　　　大米 1200 元

　　　　　　鮮雞蛋 1200 元

4. 賣場佈置：約 100 元

5. 其他費用：約 300 元

6. 文藝晚會費用：約 2000 元

合計約：7000 元。

八、活動注意事項及要求

該活動規模大，涉及商品部門多、人員多、合作單位多，因此要注意做好內部協調工作。具體分工如下：

活動安排：企劃部

活動總指揮：×××

活動分管：

採購部：洽談特價商品及活動所需禮品；

前台部：解決顧客投訴及禮品的發放統計；

營運部：對海報製作的拍照工作以及配合各項促銷活動的正常運行、人力協助；

財務部：費用核算等工作；

防損部：活動現場秩序的維護等工作；

企劃部：DM 海報的製作以及所有促銷活動的跟進落實；

人事部：跟進所需物料的到位；

電腦部：快訊商品價格的調整與跟進；

店辦：整體協調此次活動的指揮工作；

總經辦：負責督查此次活動的整體落實情況。

心得欄 _____

_____

_____

_____

_____

第 9 章

商場在耶誕節的促銷

　　「耶誕節」這個名稱是「基督彌撒」的縮寫，從每年 12 月 24 日至翌年 1 月 6 日為耶誕節節期。耶誕節來臨時，家家戶戶都要用耶誕色來裝飾。紅色的有耶誕花和耶誕蠟燭，綠色的是耶誕樹，它是耶誕節的主要裝飾品，用砍伐來的杉、柏一類呈塔形的常青樹裝飾而成，樹上懸掛著五顏六色的彩燈、禮物和紙花，還點燃著耶誕蠟燭。

　　隨著現代社會的不斷演變，商家越來越重視耶誕節的促銷。歲末雖然包括耶誕、元旦兩大節日，但是商場耶誕檔期的促銷力度普遍大於元旦。濃烈的耶誕氣氛，加上耶誕老人送禮物的美好故事，吸引著人們走進商場選購節日物品。有商場稱，每年耶誕節的銷售將高出雙休日的 30%以上，而耶誕節前後一個月的銷售額一般要佔全年 1/3 以上。

🔊 第一節　耶誕節的促銷手段

一、折扣優惠

從其大眾化定位來看，其運用的主要促銷手段就是折扣優惠，耶誕節促銷中許多超市都利用折扣優惠政策吸引顧客。

曾經在耶誕節進行了一次主題為「耶誕××送您驚喜」的促銷活動，其主要內容為：

1.每日一物　低價購

節日期間，××商場每天推出一種超低價限量銷售商品，只要光臨××商場就有機會購買到異常便宜的雞蛋、大白菜、精品小家電、保暖內衣等商品。

2.引爆人氣　大優惠

耶誕節期間，××商場的各種特色小吃、休閒食品以及耶誕絲巾、圍巾、帽子、精品服飾、珠寶首飾、手錶時鐘等多種商品優惠特賣。

3.即時驚喜　摸彩送

節日期間，當日在××商場購物滿 500 元即可參加耶誕摸彩活動，每張彩券均有精美禮品，摸到什麼送什麼，即摸即送，歡樂無窮。

為了安排促銷活動，在 12 月 11 日前，就完成了店內外裝飾，為耶誕節的到來營造了濃濃的節日氣氛。另外，也在 12 月 10 日前就印製好了 DM 廣告並開始發放，及時地將資訊傳達給顧客。

　　這種低價促銷、大優惠、摸彩送促銷活動營造了濃重的耶誕氣息，再加上本身內部裝飾，耶誕樹、耶誕老人、雪花這些情景交織在一起，共同營造了高效的促銷氣氛，為實現其促銷目標打下良好基礎。

二、耶誕大餐、化裝舞會

　　娛樂是耶誕節最常用的促銷方式，例如耶誕大聯歡、耶誕大餐、化裝舞會，這些都是超市常用的促銷手段。

三、積分卡優惠

　　積分卡是超市吸引顧客長期實施消費行為的一項有效促銷措施，耶誕節期間，超市往往會通過積分卡上的積分對顧客給予一定的優惠，或者按照一定比例加以返券，或者發放一定贈品。

◀)) 第二節　百貨商場的耶誕節促銷

　　耶誕節越過越隆重，各大商場為了爭奪客源，在節前早早就開始大打促銷戰。折扣、送禮券、抽獎、各類小禮品自然都是各商家的壓軸好戲，各類活動、促銷也是「你方唱罷我登場」，甚至連商場內的耶誕裝飾也成了各家火拼的對象。該如何組織耶誕節的促銷活動呢？

1.促銷商品選擇

　　耶誕節受顧客歡迎的商品主要有耶誕卡、耶誕老人帽、噴雪、禮

品、糖果、餅乾、趣味玩具等,這些都是耶誕節促銷的最佳商品之選。

耶誕節的促銷商品當然遠遠不止於這些,幾乎所有的商品都在促銷之列,只要足以吸引顧客,都可以作為促銷商品。從近年趨勢來看,促銷商品的主角不再是過季商品而是應季商品。

2.促銷時間確定

耶誕節節期為 12 月 25 日至 1 月 6 日,但耶誕節的規模很大,商場的促銷活動往往是提前兩週,甚至從 12 月初就開始了。

耶誕節的前一天晚上,也就是 12 月 24 日的夜晚稱為平安夜,這是促銷中非常重要的一天,因此,在這一天許多商場都採取延長營業時間的做法,一般都會到零點以後才閉店。

某商場耶誕平安夜營業時間延長至凌晨 1 點,商場特別企劃勁爆時段活動;崇光百貨則在凌晨 3 點以後自然閉店;而銀座百貨更是舉行了「36 小時不打烊」的促銷活動。

3.賣場氣氛佈置

——賣場裝飾。

賣場內可以使用耶誕樹、彩燈、彩帶、吊鈴、小人、梅花鹿像、耶誕老人像等耶誕裝飾品,同時店面可用泡沫打散製成雪花、吊雪等裝飾。有許多商場的員工打扮成耶誕老人在門口派發糖果。這些都是耶誕節普遍的裝飾用品,總之,要使顧客一進門店就能感覺到下雪的氣氛和西方耶誕節華麗的景象。

氣氛的佈置越出位越能吸引顧客。耶誕節的賣場裝飾方面也越來越重視,不惜投入鉅資營造節日氣氛,希望能以此為商場帶來更多的人氣、財氣,使得商場銷售增加。耶誕節時,國際購物中心就搭建起了一座「童話城堡」,這座高 15 米的金色城堡主體用了 4 噸鋼材,其餘部份使用的也是上好木材,總造價高達幾十萬元;而百貨公司的耶

誕樹高達 18 米，比前一年高出了 2 米，在耶誕節到來時，他們為營造氣氛還用造雪機來了場人工降雪，整個耶誕的環境營造費用高達 50 萬元。

　　——室內宣傳。

　　耶誕節時，百貨商場一般都要製作專門的耶誕節用的手招、吊旗。商場可以製作專門的耶誕吊旗下發給各店面，以加強店面耶誕節氣氛。有些商場正值店慶就可以將耶誕吊旗和店慶吊旗共同製作（可各佔一面，也可製作兩份吊旗）。同時用海報、廣播等媒體對耶誕節促銷活動，特價商品做宣傳。

4.促銷方式選擇

　　——娛樂活動。

　　耶誕節是西方的新年，是西方最隆重的節日，傳到我國後有很多年輕人也喜歡過耶誕節，耶誕節促銷就很火暴。某購物廣場在 12 月 21 日至 12 月 25 日開展主題為「相約耶誕之夜」（耶誕狂歡夜、歡樂優惠在耶誕）的活動，通過各種奇思妙想，例如營造耶誕氣氛，通過「狂歡帽子節！」、「手套節」、「耶誕大蛋糕」、「購物送免費餐券！」、「耶誕節火雞大餐」等一系列的活動來吸引消費者。

　　——公益活動。

　　許多零售企業借助耶誕節為福利院募捐，這種公益活動往往會提升企業在市場上的形象，培養顧客的忠誠度。

　　——打折優惠。

　　耶誕節，商家拼銷量的最有力武器就是價格，誰的價格低就意味著吸引更多的消費者，於是各商場紛紛打折讓利大酬賓。大力度的促銷除了應對節日銷售旺季之外，還因為冬裝的銷售已經到了末期，大折扣能夠在銷售旺季迅速清空庫存，更利於商家的運作。

耶誕節期間，除滿百就送以外，還舉辦了「初冬風尚」冬季名品購物節，百貨、穿著類商品滿 100 元送 20 元現金，金狐狸 5 折，法雷斯 5 折，花花公子西服 5 折，紅豆西服同樣也是 5 折；中央商場全場羽絨服 6 折；山西路百貨商場推出了一系列折扣活動，包括美津濃特賣會 3～7 折，阿迪達斯、耐克部份 5～9 折；金鷹國際購物中心拿出一批品牌酬賓，鯊魚部份 8 折，雅格獅丹 3～5 折，FA:GE 全面 3 折，羅茜奧、塔西尼等更是以 1～3 折的價格銷售。

——滿額送。

購物滿一定金額贈送一定禮品或禮券是耶誕節常用的手段。耶誕節期間時代廣場的促銷方案，其主要促銷手段便是贈送禮品和禮券，促銷時間是從 12 月 10 日～12 月 30 日。具體內容如下：

⑴商場消費滿 500 元（單張購物票據）贈送手機鏈一條（一張票據只可領取一條）；

⑵商場消費滿 800 元（單張購物票據），可至 3 樓 SNOOPY 換購處，憑銷售票據另加收 10 元便可換取「SNOOPY 限量版檯曆」1 本；

⑶商場消費滿 600 元（當日可累積），贈「溫暖圍巾」1 條；

⑷商場消費滿 800 元（當日可累積），贈電熨斗一隻；

⑸商場當日累積消費滿 3888 元（餐飲、美容美髮、教育類除外），贈 1000 元現金禮券。以此類推，只要符合每項參與要求，消費者可以同時參與以上四項活動。

——品牌專賣和主題商品特賣。

在耶誕節，品牌專賣和主題商品特賣也成為商場的促銷手段，某百貨公司在一樓挑空區開設 VERO MODA 品牌耶誕新品展，××百貨也推出了耶誕主題商品特賣會。

第三節　百貨商場耶誕節促銷方案

案例 1：某商場耶誕節促銷活動

一、活動目的

活動期間，營造濃烈的節日氣氛，提高來店的客流量，其中超市的銷售額比活動前增長 10%。

二、活動期間

12 月

三、活動主題

感恩大回饋　燃情十二月

四、活動地點

超市及門外空場地

五、活動準備工作

1. DM(直郵廣告)宣傳單：於 12 月 6 日通過夾報和入戶派發的方式共發放 2 萬份 DM 宣傳單。

2. 報紙廣告：12 月 5 日在《××晚報》上發佈半版活動資訊廣告 1 期。

六、活動內容

整個耶誕節期間的促銷，共安排了六項活動，具體內容如下：

1. 瘋狂時段天天有

活動時間：12 月 6 日～12 月 25 日

活動地點：1～4 樓

活動內容：活動期間，週一至週五每天不定期選擇 1 個高峰時段，週六至週日(另含 24、25 日)每天不定期選擇 2 個時段，在 1～4 樓選 1 家專櫃舉行為時 20 分鐘的限時搶購活動，即在現價的基礎上 5 折優惠。

2.超市購物新鮮派加 1 元多一件

活動地點：地下一樓

活動時間：12 月 6 日～12 月 25 日

活動期間，凡當日在該商場一次性購物滿 280 元及以上者均憑票據加一元得一件超值禮品。禮品每日限量，先到先得，「售」完為止。

等級設置：

購物滿 500 元加 1 元得 1 包抽紙(每日限量 500 包)；

購物滿 800 元加 1 元得柚子一個(每日限量 200 個)；

購物滿 1200 元以上加 1 元得「生抽」一瓶(每日限量 100 瓶)。

3.萬家冬季「羊毛衫、內衣、床品」大展銷

活動地點：商場大門外步行街

活動時間：12 月 6 日～12 月 20 日

組織本商場的羊毛衫、內衣和床上用品以場外花車的形式進行特賣展銷活動。

4.耶誕禮品特賣會

活動地點：商場大門和側門外步行街

活動時間：12 月 21 日～12 月 25 日

組織超市和百貨與耶誕禮品有關的商品以場外花車的形式進行展銷活動。

5.耶誕「奇遇」來店驚喜

活動地點：全場

活動時間：12 月 24 日～12 月 25 日

活動內容：活動期間，耶誕老人將不定期出現在各樓層賣場，凡當日光臨本店的朋友可在店內尋找耶誕老人，誰找到耶誕老人，即可獲得耶誕老人派發的精美耶誕禮物一份，每人限領一份。

特別提醒：在 12 月 24 日關店時，出店顧客還可以得到一份特別的關店禮！數量有限，送完為止。

6.「耶誕歡樂園」激情耶誕夜

活動地點：大門外步行街

活動時間：12 月 24 日、25 日 19:30～21:00

活動內容：為了營造節日的熱烈氣氛，聚集人氣，特在平安和耶誕夜在商場大門外舉辦兩場大型耶誕狂歡晚會，並建議組織本商場的員工也參加該晚會，以帶動現場顧客的參與度。

七、費用預算

1. 超市購物新鮮派加 1 元多一件　　　9 萬元
2. 耶誕「奇遇」來店驚喜　　　　　　2 萬元
3.「耶誕歡樂園」激情耶誕夜　　　　3 萬元
4. 報紙廣告及其他宣傳費用　　　　　10 萬元
5. 活動及耶誕氣氛佈置　　　　　　　10 萬元
6. 合計　　　　　　　　　　　　　　34 萬元

承擔方式：本次活動費用，百貨部份，可參照去年，通過耶誕氣氛佈置費用，按廠家每平方米加收 1 元進行分攤，建議讓廠家承擔8000 元。

案例 2：某超市耶誕節促銷方案

一、活動目的

緊緊抓住 12 月銷售高峰的來臨，通過一系列系統性的賣場內外佈置宣傳，給顧客耳目一新的感覺，充分營造良好購物環境，提升超市對外整體社會形象。通過一系列企劃活動，吸引客流，增加人氣，直接提升銷售業績。

二、活動期間

12 月

三、活動主題

狂歡耶誕節、無限驚喜送

四、活動地點

××超市

五、活動準備工作

1.活動宣傳計劃

⑴海報：根據公司總體安排。

⑵電視：為期一個月，11 月 25 日至 12 月 25 日插播本港台、翡翠台，每晚 7:30 分播出 30 秒廣告，共 60 次。

⑶場內外廣告牌宣傳：總體要求為，活動公佈一定要提前、準確無誤，排版美觀大方，主題突出。

2.賣場氣氛佈置

總體要求：節日氣氛隆重、濃厚、大氣。

3.積分卡的印製

4.獎品準備

在各部門間進行協調或與供應商談判，取得獎品禮品。

六、活動內容

1.分時間段的活動安排

為使活動具有連續性、銜接性，容易記憶，將活動按週安排，輪番對顧客進行促銷，持續刺激消費者的購物慾望，加深顧客對本超市的印象，不斷實施消費行為。

第一週：12月2日～12月6日

驚喜第一重：購物積分送大米，積多少送多少！

活動時間：12月2日～6日每晚7:30開始

活動內容：在12月2日～12月6日期間，晚7:30以後憑積分卡一次性購物積分10分以上的按照積分多少送大米：積10分送10斤，積15分送15斤，積20分送20斤，積30分送30斤，積40分送40斤，積50分以上限送50斤。顧客需憑積分卡和當日7:30之後電腦票據(金額不累計)到出口處領取。送完為止。

活動文案：

「顧客是××的上帝，××更離不開顧客的支持」，為了感謝客戶長期支持而又忠實的顧客，××超市超值回報：凡於此期間當日晚7:30以後，憑積分卡一次性購物積分滿10分送10斤米，積20分送20斤，……積50分以上限送50斤。如此優惠，如此心動，還不趕快行動！憑積分卡和電腦票據(限當日晚7:30之後票據，金額不累計)到出口處領取。送完即止。

第二週：12月7日～12月13日

驚喜第二重：××積分卡再次與您有約！

活動目的：由於第一週活動的促銷力度相當大，在吸引積分卡顧

客消費的同時，也吸引了無積分卡的顧客，為此，決定再次發行一期積分卡，從而再次擴大積分卡客戶群，爭取更大的市場佔有率。

活動時間：12 月 7 日～12 月 11 日

活動內容：只要在本超市購物滿 100 元加 2 元即可獲得積分卡一張，這張積分卡除享受以前約定的優惠外，在耶誕節期間可以享受更超值的優惠。

活動文案：

狂歡耶誕節，××積分卡再次與您有約！只要您在我商場購物滿 100 元加 2 元即可獲得積分卡一張，這張積分卡除享受以前約定的優惠外，在耶誕節期間享受更超值的優惠、更無限的回報。一卡在手，驚喜時時有！

第三週：12 月 14 日～12 月 18 日

驚喜第三重：奶粉文化週

活動時間：12 月 14 日～12 月 18 日

活動內容：結合天氣和飲食的特點，在此期間重點推出奶粉促銷，組織 3 個廠家進行培訓和保健宣傳，如惠氏、美贊臣、雅培等，並要求每個廠家提供相應贈品進行贈送和促銷，計 700 份，此期間提供 10 個奶粉驚喜特價。

第四週：12 月 21 日～12 月 27 日

驚喜第四重：狂歡耶誕節，加一元多一件！

活動時間：12 月 23 日～12 月 25 日

活動內容：凡於此期間，當日一次性購物滿 58 元及以上者均憑票據加一元得一件超值禮品。具體如下：

購物滿 500 元加 1 元得××耶誕帽一頂(限量 300 頂)；

購物滿 800 元加 1 元得××柚子一個(限量 300 個)；

購物滿 1200 元加 1 元得 500ml 醬油一瓶（限量 300 瓶）。

超值禮品每日限量，先到先得。

驚喜第五重，耶誕老人來啦！甜蜜禮品大派送

活動時間：12 月 24 日、25 日

活動內容：每天由耶誕老人和耶誕婆婆手提耶誕禮包對來本超市的小朋友進行糖果大派送。每天約送糖 30 斤。

2.週六、週日活動安排

目的：根據目前銷售情況及本地人消費習慣，週六、週日的客流還具有挖掘的潛力，通過以下活動，旨在拉動週六、週日銷售，提高本月整體銷售額。

(1)狂歡耶誕節，超低特賣場

時間：12 月 5 日、6 日、14 日、15 日、21 日、22 日

內容：每天 A、B、C、D 四部門提供兩種以上超低價商品，統一擺放於出口處，形成一個超低特賣場，顧客憑當日購物滿 38 元的電腦票據。每人每票限購一份，售完為止。

(2)購生鮮得柚子

活動時間：12 月 5 日、6 日、14 日、15 日、21 日、22 日的早上 9:30～11:30 和下午 3:30～5:30

活動內容：每天 E 部、F 部輪流派員工負責組織，購生鮮滿 300 元均可到商場出口參加投柚子比賽，一票一投，投中者即可得此柚子一個。柚子每天限量 200 個，共計 1200 個。

(3)耶誕到，好運來！

活動時間：12 月 5 日、6 日、14 日、15 日、21 日、22 日

活動內容：在這六天的週末時間裏，凡在本超市購物滿 580 元的顧客，即可憑電腦票據到出口處參加一次「玩骰子」遊戲活動並有機

會贏得獎項，滿 980 元玩兩次，1680 元以上三次。

活動文案：

耶誕節快樂推出：購物玩骰子，好運自然來！凡購物滿 580 元的顧客，即有機會憑電腦票據到出口處參加一次「玩骰子」遊戲活動，滿 980 元兩次，1680 元以上三次，設置的獎項有：

最高幸運獎(每天 1 名，共 6 名)：擲出六個六點，獎價值 1000 元以上的禮品(家電)一份；

玩骰子「高手」獎(每天 5 名，共 30 名)：擲出 6 個一點至 6 個五點，獎價值 300 元以上的禮品(日用)一份；

玩骰子「幸運」獎(每天 50 名，共 300 名)：擲出任何 5 個以上相同的點，獲得價值 50 元禮品(食品)一份；

玩骰子「參與」獎(每天 100 名)：擲出 3 個以上相同的點，獎紀念品(價值 20 元)一份，每日限量，先到先得，送完即止。

七、費用預算

⑴宣傳費用

⑵獎品

……

第 *10* 章

商場在情人節的促銷

　　每年的 2 月 14 日為西洋情人節，另外，每年農曆七月初七是情人節，又有「七外情人節」的俗稱。通常在情人節中，以贈送一枝紅玫瑰來表達情人之間的感情。男孩將一枝半開的紅玫瑰作為情人節送給女孩的最佳禮物，而姑娘則以一盒心形巧克力作為回贈的禮物。

　　情人節這個原本屬於西方的傳統節日，是追求浪漫的人們表達愛意的紀念日。面對這樣的火暴市場，任何精明的商家都不會放過如此巨大的商機，百貨商場也不例外，紛紛在情人節推出促銷活動，在節日市場分一杯羹。情人節促銷的對象一般是以年輕人為主，突出活力、動態、青春，因此促銷一般都用娛樂活動來烘托激情燃燒的氣氛，以此帶動其商品銷售。

◀))) 第一節　百貨商場情人節促銷

　　情人節突出「愛情」、年輕人的活力、青春，娛樂活動可以創造一種熱鬧氣氛，可以借助這樣的氣氛渲染消費者熱情，引起衝動購買。情人節的最佳促銷時間為：2 月 9 日（提前 5 天）～2 月 14 日（情人節）。

1.促銷氣氛營造

　　──促銷商品陳列。

　　情人節不需要做專門的主題陳列，但可重點在鮮花、巧克力上做宣傳，如海報、廣播宣傳等。另外，可提前 5 天推出「情人節巧克力花束」，元宵節期間也可以銷售。

　　──促銷活動宣傳。

　　情人節宣傳也需要多種宣傳手段的配合，除了廣播電台能夠渲染活動現場氣氛，其製作精美的海報、DM、POP 等都是情人節較佳的宣傳品選。其宣傳的主題就是青春、活力、愛情等，這些更容易引起年輕一族的興趣。

2.促銷商品選擇

　　「情人節」是一個特殊的節日，是有情人互贈禮品的節日，因此商品促銷應以「情物禮品」為主題，食品有巧克力、巧克力、口香糖、奶糖、休閒小食品等；百貨有塑膠鮮花、相冊、公仔、飾物禮品、定情信物、金銀首飾以及內衣、精品系列等。

3.促銷手段選擇

──娛樂促銷。

「娛樂活動」促銷是現在商家採用越來越多的促銷手段之一。情人節突出的就是愛情,「浪漫」是愛情的主題,娛樂促銷正好迎合了年輕人的這種心理,因此這種促銷方式更容易引起消費者共鳴。

──買贈。

這種促銷方式主要是激發消費者購物潛力,用優惠條件換取顧客信任和購物心情。

某商場在情人節(2月13日～2月14日)以買贈為主要手段舉辦了大規模促銷活動。具體內容有如下三項:

──為愛情「保險」。

在2月13、14日兩天,凡當日購買普通商品滿1888元(大件商品──鐘錶、黃金珠寶、手機及家電區域商品──滿28888元)的未婚情侶(限前666名),可獲鮮花及情人節禮物;另贈「愛情保險單」一份,在第二年情人節,憑有效證件可與保險單上登記的情侶一同獲贈價值58888元婚紗照一套(需和保險單上登記人相符,否則不予辦理)。

58888元婚紗照套系包括:三套服裝、三種造型,12英寸相冊(15張7英寸照片)、1張24英寸水晶裝或油畫裝,以上不含底片。

──3000隻玫瑰大派送。

活動期間凡購物滿200元的顧客,可憑購物票據獲贈玫瑰鮮花一隻,2000元以上(大件商品滿3000元)限送2隻,共3000隻,贈完為止(13日1000隻,14日2000隻)。

──情人節好禮「直通車」。

消費滿百元送保齡球票、足療券;穿著類商品大部份 2～6 ‧ 8

折，情人節再送禮品；情人節黃金部珠寶 8 折，購買成對商品(同專
櫃)再享受更多優惠，手錶 9 折(個別品牌除外)；日化部均贈情人節
禮品。

🔊))) 第二節　情人節促銷規劃重點

1.促銷目的

通過「情人節」這一主題：緊緊抓住圍繞「有情人」這一心理，
大力推出「濃情巧克力花束」，高毛利銷售，力爭創利潤 2 萬元以上。

2.促銷時間

2 月 6 日～2 月 14 日(情人節)

3.促銷主題

⑴溫馨浪漫，精彩無限

⑵浪漫情人節，把心交給你

4.促銷活動

⑴商品促銷

「情人節」是一個特殊的節日，是有情人互贈禮品的節日，因此
商品促銷應以「情物禮品」為主題，食品有巧克力、口香糖、奶糖、
休閒小食等，百貨有塑膠鮮花、像冊、公仔、飾物禮品、定情信物、
金銀首飾以及內衣、精品系列等。賣場應做好商品的創意陳列和突出
重點陳列，以保證節日商品達到最高銷售點。

⑵濃情巧克力花束

①推廣時間：2 月 5 日～2 月 14 日

②拆包商品

國產花蕊拆包商品：正金砂巧克力 300 克、菲蔓巧克力 24 顆裝。

進口花蕊拆包商品：金砂巧克力 16 顆裝。

③「濃情巧克力花束」配套服務：免費包裝服務，所有包裝費用全免；自選數量服務，價格請按上表自由組合。

⑶情人氣球對對碰

製作男生、女生氣球各 1 萬個，氣球用於門店情人節氣氛佈置及購物贈送（門店自行安排），氣球杯及杯口用於包裝「濃情巧克力花束」。

⑷巧克力花束贈送

①贈送時間：2 月 13、14 日兩天

②贈送內容凡購物滿 380 元的顧客，免費贈送國產巧克力花束（一顆裝）。

凡購物滿 680 元的顧客，免費贈送進口巧克力花束（一顆裝）。

5.促銷費用預算

⑴氣球 2 萬套，費用 3100 元。

⑵巧克力贈送，5000 束，費用約 7000 元。

◀))) 第三節　情人節促銷方案

案例 1：某百貨商場促銷方案

一、活動目的

　　隨著情人節的到來，為了迎合春節以來的又一次銷售高峰期和滿足顧客的心理需求，本購物廣場特舉辦迎接情人節的五大活動，以增加銷售，同時保持與顧客的溝通。

二、活動時間

　　2 月 10 日～2 月 14 日

三、活動主題

　　沒有女人活動的情人節

四、活動地點

　　××購物廣場

五、活動準備工作

1.活動宣傳

⑴《××報》廣告發佈

⑵《寶玉石週刊》廣告發佈

⑶《時尚》生活廣告發佈

2.活動支持與配合

(1)XX 網站和其他網站長達 3 個月資訊支援！

(2)品牌總部專員電話全程跟蹤指導、訪問！

3.安全管理

本次活動是以娛樂為主，特別保證活動時顧客的安全，不提倡顧客為得獎品而做出一系列的衝動行為。

六、活動內容

1.「模擬鬥牛」活動

活動目的：製造情人節壯觀的鬥牛場面。

活動時間：2月10日

活動地點：百貨公司的廣場

參與條件：當日在商場購買500元的男士，體重在60公斤以上，限制為男性、健康者。有心臟病等疾病的顧客謝絕參加。

活動方法：參賽者騎在機器「公牛」上，公牛會不停地轉動，誰能在公牛上堅持的時間最久誰為優勝者。

獎項設置：取前三名，各獲得到1000元一套的××婚紗攝影。

2.爬杆比賽活動

活動寓意：步步高升，向愛情接近！

比賽時間：2月11日

比賽地點：購物廣場左側

參賽條件：當日購買商場商品滿500元的男士。

場地設置：規劃一個長3米、寬2米的場地。搭建一根高2米的鐵柱，樹立在中央。在活動比賽開始的時候，參賽的年輕人在自己情侶的注目中順著鐵柱攀爬。同時下面的工作人員也記錄下他的比賽花費的時間，在結束後評比出用最少時間的獲勝者。

獎品：獲勝者將得到情人節專賣的80元鮮花一束。

3.「無光」比賽活動

比賽寓意：不用眼光也能選中意中人！

活動時間：2月12日

活動地點：賣場內

參與條件：當日購買商場 198 元商品的顧客，以男士為主。

比賽方法：比賽前，將幾隻瓦罐並排懸掛在一根繩上，比賽者被蒙上雙眼，從 10 米線索外向罐子方向走去，用木棒依次擊碎瓦罐，全部擊中為勝，如有一棒擊空則被淘汰。

獎品：價值 3000 元的女性內衣一套。

4.拔河比賽

活動寓意：大力士的男人有人愛！

活動時間：2月13日

參賽條件：當日購買商品滿 500 元的男士

比賽地點：廣場

比賽方法：選擇一根 4 米的繩子，打上死結。同時把兩個禮品放在他們的前面。任意選擇兩個顧客進行比賽，兩人往不同的方向前進，最終看那一方通過自己的力量拿到了自己的東西就算獲勝。

獲獎名額：10 名

獎品：1000 元的×××酒店情人節情侶套餐票一份。

5.青蛙賽跑

活動目的：讓戀人感受到你這「青蛙王子」的魅力。

活動時間： 2月14日

參與條件：當日購買商品滿 2000 元的男性顧客

比賽方法：參加者以蛙跳姿勢跳完規定的距離，雙手隨著前進的節奏，輪流在身前身後擊掌。站起、手觸地或者摔倒在地的為犯規。

獎品：在結婚當日，公司派人上門專門為其拍攝結婚慶典 DV，價值為 12000 元。

七、費用預算

1. 耶誕老人 50 元/個（10 個起訂）

2. 耶誕節雪花、元旦燈籠（自備）（××可免費代為設計）

3. 宣傳吊旗：（耶誕、元旦節日專用）每 50 張（50 元）

4. 宣傳單頁（節日專用）：5000 張（2400 元）

5. 耶誕、元旦專用氣球（並印有門店位址）2000 個（500 元）

6. ××耶誕平安佛，每只 5 元（20 個起訂）

7. ××紅包 100 只（免費）

8. 掛曆 10 元本（10 本起訂）

9. 收音機，每只 100 元（10 只起訂）

10. ××時尚專刊，每家店：20 份（免費）

費用合計：4000 元

宣傳品費用：加盟商可根據需要來進行選擇；費用××將與加盟商各承擔 50%。

案例 2：某商場情人節促銷方案

一、活動目的

渲染情人節的節日氣氛，提升××品牌親和力，同時促進巧克力等相關商品的銷售。

二、活動時間

2 月 6 日～2 月 14 日

三、活動主題

情人節，你準備好了嗎？

四、活動地點

××超市

五、活動準備工作

1. 活動宣傳

⑴「情人節特賣商品專欄」。

由採購部挑選 16 個與情人節有關的商品，製作 2 月 6 日至 2 月 15 日的「情人節特賣商品專欄」，由市場科製作噴繪宣傳，並在 2 月 6 日發佈。

⑵場外情人節橫幅。

採購部負責促銷商品的選擇；市場科負責噴繪、調和的設計、製作。

⑶情人節巧克力及相關商品展。

由採購部組織在二樓散裝區做巧克力堆頭陳列；其他相關商品端架前也可寫 POP 煽動目標顧客群體購買。如布絨玩具等。

各商品科應充分挖掘這個商機拉動本區域商品銷售。

市場科負責 POP、堆頭的佈置。

2. 部門協調

採購部：活動贈品的供應商贊助支持

市場科：活動的組織、跟蹤；活動海報、廣播稿的製作、安排；活動現場的佈置。

營運部：現場活動執行人員 1 名。

前台科、服務組：協助「相擁到永久」擁抱活動的報名和禮品的派送。

廣播室：本次活動的高頻率宣傳。

防損部：協助場外活動現場秩序的維持。

六、活動內容

1. 愛情 365 日年曆派贈活動

活動時間：2 月 6 日～2 月 14 日

活動內容：活動期間，到本超市購物的情侶，憑當日任意金額購物票據即可（自帶兩人合影）到一樓柯尼卡數碼沖洗店免費製作個性年曆 1 張。數量有限，送完即止。

2. 「相擁到永久」擁抱活動

（活動細則略）

3. 情人節禮品一條街（場外買贈促銷活動）

活動時間：2 月 6 日～2 月 14 日

活動形式：現場禮品包裝、娛樂促銷、買贈促銷等活動。

參與廠商：德芙、箭牌等品牌。

七、費用預算（略）

第 11 章

商場在端午節的促銷

　　農曆五月初五，是中華民族古老的傳統節日之一——端午節。過端午節是傳統習慣，主要習俗有：女兒回娘家，掛鍾馗像，迎鬼船、躲午，懸掛菖蒲、艾草，遊百病，佩香囊，賽龍舟，比武，擊球，蕩秋千，飲用雄黃酒、菖蒲酒，吃五毒餅、鹹蛋、粽子和時令鮮果等，其中以吃粽子、賽龍舟最具代表性。

🔊 第一節　端午節促銷的重點

一、如何開展端午節促銷

　　端午節和春節、中秋節並列成為傳統三大節日，而端午節淵源最早。它一直以來都是較大的節日，甚至將其視為團圓、喜慶的大日子。

因此，端午節促銷也越來越為大多數商場所青睞。

端午節促銷活動的進行，按照促銷策劃程序中的每一個步驟來進行。首先是促銷主題的確定，要依據端午節本身的特點結合百貨商場的商品特色來進行主題確定。其次是時間安排，端午節促銷活動的時效性與春節相比比較短，一般持續在端午節前後共計一週的時間段內為佳，現在也有持續兩週的促銷活動。再次就是促銷手段的選擇，融入許多文化促銷。

1.促銷主題確定

端午節民俗習慣是吃粽子，可以利用產品特色來設計促銷活動的主題，以獨特形式與促銷策略吸引消費者、並產生衝動購買。

某粽子品牌在端午節期間以「免費品嚐、限時搶購」為內容，以品嚐來吸引人、以時間緊迫來督促購買，使消費者產生衝動購買。

2.促銷商品選擇

端午節增添了一些與眾不同的粽子種類，許多端午節傳統食品是端午節促銷的最佳商品選擇。從傳統習慣來看，端午節要吃黃魚、黃瓜、黃鱔、鹹蛋黃、雄黃酒「五黃」粽子，現在傳統粽子不斷求新求變，推出了很多新鮮口味。除了紅棗、豆沙、火腿、鮮肉、蛋黃餡等傳統餡兒，各種口味的水果餡、鮮花餡以及紫米、山藥、蓮子、艾草等流行食材都被包進粽子裏。

另外，促銷商品還要突出特色需求，例如特地為糖尿病人推出無糖粽子；同時為了滿足個性化需求，粽子的外觀也在不斷變化，3個角的、6個角的，祐康等各粽子品牌都推出了 40 克、50 克裝的迷你粽。這種從商品包裝、選料、製作都經過認真考慮的粽子，銷量往往很好，是端午節促銷的最佳商品選擇。

除了粽子，鹹鴨蛋是過端午節的重要食物之一，許多商家借此推

出各種促銷活動給產品造勢。

3.促銷時間安排

根據端午節時效，一般是一週左右，更確切地說是在端午節前一週，促銷活動不斷。促銷活動時間安排多在 6 月 2 日（週四）～6 月 11 日（週六）。現在促銷時間也有延長的趨勢，可以從農曆四月十五（提前 20 天）開始持續到農曆五月初五（端午節），在此期間，要做好賣場的佈置，營造端午節的氣氛。

二、端午節促銷策略選擇

1.購物贈禮

購物贈禮是百貨商場集結客流的一種重要的促銷手段。在端午節促銷時，「買粽子贈飾品」、「吃粽子送幸運」等，都成了常用的手段。

贈品可以是跟端午節有關的一些小的飾品，例如：有商場促銷：「一次性購買粽子××元以上，均可現場獲贈五彩線、荷包等端午節傳統小飾物」；有一些優惠活動是抽獎遊戲，例如：購買現包家庭粽子的顧客，如在食用粽子時吃到帶有「×××」標識的，即可憑此標識和購物票據到售貨櫃組領取價值××元的幸運獎一份。這些購物贈禮的促銷手段都是百貨商場普遍應用的促銷策略。

2.特色營銷

隨著市場競爭的加劇，營銷策略不斷變化，端午節食品促銷也越來越講求「健康理念」，商家也很注重推出「綠色食品」，例如推出「健康鹹鴨蛋」是綠色飼料餵養、無鉛製作，含有更多生物營養素，大受商家和消費者歡迎。

許多商家都把鹹鴨蛋和松花皮蛋作為重點商品推廣，端午節前後

禮盒包裝供不應求。

3.捆綁銷售

　　端午節除了吃粽子以外，還要吃「五黃」，即黃魚、黃瓜、黃鱔、鹹蛋黃、雄黃酒，端午節促銷中將咸鴨蛋和粽子捆綁銷售是一個亮點。例如：一些商場將鹹鴨蛋攜手粽子、鹹鴨蛋搭配和粽子都推出了組合裝。當然也可以對不同的商品進行組合捆綁銷售，只要能吸引客流，提升營業額，都是不錯的選擇。

4.娛樂活動

　　這種促銷方式是百貨商場慣用的促銷手段。

　　舉行「家庭比賽包粽子其樂融融有好禮」活動，在活動期間，凡在該商場購買粽子的顧客，均可憑購物票據參加在食品商場舉辦的現場「家庭包粽子」比賽，一分鐘內包多少送多少，同時獲第一名的家庭還可獲贈松花蛋一盒或粽子一份。

　　針對端午節的晚會，購物廣場在廣場舉辦端午節晚會，雜技、秧歌等精彩節目繽紛呈現，遊戲現場互動，豐厚獎品送不停。這種促銷手段極大刺激消費者參與活動的慾望，同時可以放鬆心情，很受消費者喜愛。

5.端午節粽子展

　　這種促銷策略應用也是比較新穎的一種，促銷活動中可以分設不同的展區，並為每個展區確定一個主題，例如某商場將粽子展分為三個大區：

　　其一，「家庭粽子」展區：

　　以家庭粽子為主，品種多樣，有一兩粽、二兩粽、有白水粽、蜜棗粽、竹筒粽等。

　　其二，「思鄉粽」展區：

以「每到端午節,我就想起家鄉的粽子」為主題,主推各地知名粽子品牌。

其三,「中華美味」展區:

蛋類大會:白洋澱鴨蛋、神丹松花蛋、高郵鵝蛋、咯咯達雞蛋。

特色蛋:綠皮烏雞蛋、天鵝蛋、鴕鳥蛋、飛龍蛋。

端午節附加商品:粽葉、糖、黃酒、江米、小米等。

這種促銷方法看似簡單,實際上更容易吸引消費者,消費者只需要根據自己口味不同到不同的展區購買即可,為顧客帶來方便;同時分幾個展區進行,每個展區都有自己獨特的佈置,更能烘托出節日氣氛,增添促銷效果。

🔊 第二節　端午節促銷方案

案例 1:某購物廣場端午節促銷方案

一、活動目的
樹立××的人文形象,同時增進銷售額的提高。

二、活動時間
6 月 20 日～6 月 25 日(端午節)

三、活動主題
憶一段歷史佳話　嘗一顆風味美粽

四、活動地點
××商場

五、活動準備工作

1.促銷商品準備

2.賣場佈置

商場外懸掛宣傳條幅:「憶一段歷史佳話　嘗一顆風味美粽」

3.商品陳列

一樓冷凍品區前,兩個堆頭的位置,堆頭前佈置成龍舟的頭,兩個堆頭為龍舟的身;冷凍櫃上方用粽子或氣球掛成「五月五吃粽子」字樣。

4.比賽道具準備

六、活動內容

主要商品:成品粽及熟食、海鮮等

1.價格促銷

對一些成品粽及熟食進行特價活動(6月20日~6月25日),具體品項由採購部決定(一樓促銷欄及廣播進行宣傳)。

2.娛樂促銷

可選 2 項中的其中 1 項

⑴包粽子比賽

遊戲規則:3 人/組;限時 5 分鐘,以包粽子多者為勝;勝者獎其所包粽子的全數;其餘參加者各獎一個粽子。

活動時間:6 月 23 日~6 月 24 日

活動地點:一樓生鮮部的冷凍品區前

道具要求:桌子、喇叭、包粽子的材料(糯米、豆子、花生、肉、竹葉)

具體負責:生鮮部,採購部配合

⑵射擊粽子比賽

　　遊戲規則：每人可獲得 5 顆子彈；以射中的是標識為豆沙、肉粽等即獲得該種粽子一個

　　活動時間：6 月 23 日～6 月 24 日

　　活動地點：一樓生鮮部的海產區前

　　道具要求：氣球、擋板、氣槍、子彈

　　具體負責：生鮮部，採購部配合

　　3.**免費品嘗**：引進供應商進行場內免費品嘗

　　活動時間：6 月 22 日～6 月 25 日

　　具體負責：採購部

　　4.**新品促銷**：可考慮引進一批閩南肉粽，現場特色促銷。

　　具體負責：採購部

　七、費用預算。（略）

　八、活動注意事項及要求。（略）

案例 2：某超市端午節促銷方案

一、活動目的

　⑴為慶祝端午佳節，以低價讓利、情感述說、活動互動等活動來營造節日氣氛，提高××超市的美譽度。

　⑵擴大顧客活動參與度，寓教於樂，進一步推廣娛樂營銷，讓顧客盡情參與到活動中來，引起情感共鳴，拉近超市與顧客間的距離。

　⑶通過各項活動，吸引人氣，拉動銷售，增加超市效益，提升員工士氣。

二、活動時間

6 月 9 日～6 月 19 日(11 日為端午節)

三、活動主題

情滿端午節　××禮無限

四、活動地點

××超市

五、活動準備工作。（略）

六、活動內容

1. 真情相聚，佳節共度

活動時間：6 月 9 日～6 月 11 日

活動內容：凡活動期間開店的前 100 名顧客，每人贈送端午節大禮一份。禮品為粽子、皮蛋各一個，購物券 60 元，數量有限，送完即止。

2. 一封家書一份思情

活動內容：

舉辦最感人家書比賽，體裁、時間、字數不限，只求情真意切，有感而發，以表達對愛人、親人、友人及家鄉故土的深深思念之情。作者只需將家書，郵寄(或 Email)至指點地址即可參與比賽。徵文時間為 6 月 9 日～6 月 19 日，以郵戳截止日期或電腦日期為準，6 月 20 日左右組織評獎。比賽將評出一、二、三等獎及參與獎。

徵文郵寄地址：×××××××××；郵編：×××××××；Email：××××××。

獎項設置：

一等獎(1 名)：獎洗衣機一台；

二等獎(2 名)：獎 100 元現金券；

三等獎（3 名）：獎 50 元現金券；

參與獎：獎精美禮品一份。

3.親情陸地龍舟賽　全家老少齊歡樂

活動時間：6 月 11 日晚 8：00

活動辦法：將兩人捆在一起（兩人關係為親情關係），比比那隊家庭組合最先到達終點即為獲勝！每輪由 4 組家庭比賽，共 2 輪，每輪冠軍獎電鍋 1 個。

報名時間：6 月 8 日～6 月 11 日晚 7：00

報名地址：××超市總服務台。

4.濃濃思鄉情　鄉音大比拼

活動時間：6 月 11 日～6 月 12 日

活動內容：凡參與者必須用家鄉話登台唱歌，可對歌詞進行部份更改，但不能唱走調。以現場投票方式評出冠軍 1 名，冠軍獎 200 元現金券，參與者獎禮品一份。

報名時間：6 月 8 日～6 月 12 日

報名地點：××××一樓總服務台　　電話：××××××

七、費用預算

廣告：5 萬元

噴繪、條幅：2 萬元

活動獎勵：1 萬元

粽子、包蛋：6000 元

其他：4000 元

第 *12* 章

商場在母親節的促銷

五月的第二個星期日是母親節，世界各地都舉行慶祝活動，以頌揚母愛的偉大。

母親節從西方傳入後，近年來深受大家喜愛，那些 35～40 歲的中年人更是注重母親節，為母親送上一份厚禮。母親節現在越來越成為一個時尚節日，因此也是商家的又一個商機。各百貨商場於是採取各種促銷活動來吸引顧客。

◀))) 第一節　商場的母親節促銷

母親節，家庭消費將逐漸成為主流，商家的各種促銷讓利活動，讓平時習以為常的打折、降價在這個節日裏更多了一份人情味，也拉近了商家和家庭消費者之間的距離，為以後的節日市場做了更好的鋪

墊。一般來說，母親節促銷最佳時間為 5 月 1 日至母親節當天。

1.促銷主題的選擇

母親節的促銷主題選擇要圍繞「親情」來展開，「人性化」意味要求很高，要有感染力，以吸引消費者購物。如「關愛母親」，以及後面的「媽媽，您辛苦了！」和「媽媽生日快樂！」就是不錯的主題。

2.促銷商品選擇

母親節的禮物通常有：康乃馨、賀卡、保健品、化妝品等。百貨商場的促銷商品一般多選擇流行服飾、化妝品、珠寶、睡衣、家庭用品等，並以女性消費品為主。其中，珠寶、化妝品可能是女性顧客的最愛。有些百貨商場又針對性地開展了珍貴珠寶拍賣、高級化妝品促銷活動，爭相吸引女性消費者的眼球。

某商場的化妝品和首飾銷售形勢很好。愛美的女兒們會在母親節特地為媽媽購買有袪除細紋功能的眼霜和具有抗皺功能的面膜。一些珠寶首飾也推出了「母愛」系列，樣式新穎，做工考究。

從實際銷售情況來看，按摩健身器、滋補品、保健品等商品的銷售在母親節也有所增加，不少是子女購買孝敬長輩的，因而也考慮對這類商品做出促銷安排。

3.宣傳媒體選擇

母親節可作為五月上旬的一個促銷主題，宣傳可做手招、海報、廣播等。

4.商場氣氛佈置

主要特價商品做堆頭陳列，店面用康乃馨、賀卡做氣氛佈置。

5.促銷手段選擇

母親節是一個充滿親情的節日，節日促銷表現的主題應該圍繞親情來進行。母親節主要以家庭消費為主，孩子給母親買禮物，商家再

稍微讓給消費者一部份利潤，他們的購買慾便會被帶動起來。

　　——打折優惠。

　　打折是母親節促銷的主要手段之一，對女性商品的促銷力度也相當大，對某類商品、某些品牌會採取全場一定低折扣優惠銷售。例如母親節期間，對福太太、胖太太等品牌全場 6 折優惠，從日化、針織、毛紡到家電許多商品也都趁機推出各項打折優惠，從流行服飾、化妝品、珠寶到睡衣、家用品等，優惠陣線鋪得非常廣。有的商場推出「快樂母親節百款驚爆商品」，也有的商場準備了物超所值的「母親節禮盒」。

　　——滿就送。

　　購物滿一定金額送相應禮品也是母親節慣用的促銷手段，在打折促銷的同時也使用了滿就送的手段，皮件商場購物滿××元送禮品一份，其女裝商場「十月媽咪服飾」購滿××元送嬰童寶寶衫一件。

　　商場舉辦了購物贈鮮花活動，顧客單張購物單滿××元，可獲贈康乃馨一束。

　　某商場在母親節舉辦了主題為「媽媽，您辛苦了！」的促銷活動。促銷手段主要使用了滿就送：

　　當日單張購物票據滿 800 元，即贈康乃馨一朵(限送 1000 元，送完即止)；

　　當日單張票據滿 1000 元，即贈蛋糕五折券一份(限當日前 100 名顧客)；

　　當日單張購物票據滿 800 元，即贈 8 寸鮮奶蛋糕一個加康乃馨一朵(限當日前 100 名顧客)。

　　同時，該商場還以「媽媽生日快樂！」為主題舉辦了滿就送的促銷活動，凡 5 月 12 日生日的媽媽們，只要您購物滿 800 元，即可憑

身份證獲贈 8 寸鮮奶生日蛋糕一個（每人限一個）。

──商品展賣。

在母親節，可以針對某些禮品組織商品展賣，如珠寶展賣等。

──公益活動。

在母親節促銷活動中開展公益活動也是百貨商場的常用促銷手段，「關愛母親，給母親健康」這樣的主題很能激發起大家參與的積極性，隨之購物熱情也被激發。

──娛樂活動。

母親是家庭中最辛苦的角色，因此在母親節推出娛樂活動，讓母親和兒女一起娛樂，也是促銷活動的一個絕妙的選擇。

某一商場在母親節舉行「明星臉大比拼」和「大聲公擂台賽」，其主要內容為：在活動期間，只要把自己和媽媽的合影照片寄往商場，就可參加「明星臉大比拼」活動，由商場評選出最相像母女（母子）前 5 名，送自行車一輛。「大聲公擂台賽」則是比誰喊「媽媽我愛你」的聲音響，獎品多多，歡迎現場報名參加。

這種娛樂促銷活動也很有感染力，容易形成顧客的忠誠度。無論什麼促銷手段只要能夠激發廣大消費者的購物熱情、參與熱情，就是好的促銷方法。

第二節　某商場母親節促銷方案

　　一、活動目的（略）

　　二、活動期間

5 月

　　三、活動主題

母親節

　　四、活動地點

××商場

　　五、活動準備工作（略）

　　六、活動內容

1. 溫馨母親節××獨享（5 月 8 日）

⑴　B1

　　曼妮芬：滿 1500 元送價值 500 元內褲；滿 3000 元送價值 400 元內衣；買新品就送價值 180 元杯墊等多種商品的促銷。

⑵　1 樓

　　秋櫻：全場 5.8 折；

　　MISSFILL：全場滿 500 減 100；

　　巴黎三城：全場 7 折；

　　另有部份品牌商品全場打折。

2. 品牌女裝特賣會（4 月 29 日至 5 月 12 日）

EITIE、D.NADA、MIA MIA、NOW HERE 全場 1 折起。

3.靚彩妝容，全新登場

美伊娜多：買套裝 266 元送試用裝（中樣）；

曼詩貝丹：買新品「粉嫩活顏精華」送護膚七件套；

滿 1500 元送 MB 典雅座台鏡等貨裝品買一贈一。

七、費用預算（略）

心得欄 -

- -

- -

- -

- -

第 *13* 章

商場在父親節的促銷

父親節是 6 月的第三個星期日。1909 年，美國約翰‧布魯斯‧多德夫人建議創立父親節。1934 年，美國國會統一規定，每年 6 月的第三個星期日為父親節。台灣則將八月八日列為父親節。

隨著許多西方節日的「進口」，父親節也逐漸流行開來。百貨商場在父親節時大多會安排相應的促銷活動。目前對父親節的重視程度似乎較母親節稍低，因此，商場一般不做大型主題陳列，對相應的男士用品通常只集中陳列於促銷櫃內，從近兩年的情況來看，父親節促銷在升溫。

儘管看起來父親節比其他洋節日稍顯冷清，但商家卻看好父親節的長遠發展。男裝、男鞋、打火機、刮鬍刀、皮具等都是較受消費者青睞的父親節禮物，借著父親節的名義，各大商場也紛紛做起了女士商品的大型促銷。

父親節促銷的最佳時間為 6 月 1 日至父親節當天，針對父親節所開展的專題促銷活動，一般通過海報和廣播進行宣傳。

🔊 第一節　百貨商場的父親節促銷

　　父親節促銷手段和母親節大同小異，由於這兩個節日都是表達親情的，其選用的主題也比較類似，其促銷手段主要有如下幾種：

1.滿額送

　　在採取滿額送手段進行促銷的同時，其贈品可以是給父親的禮物，也可以是購物券，還可以是抽獎券。對於禮品，商場往往會限定贈品的數量，送完為止。

　　某商場在 2005 年的父親節時舉辦了「父親節購物歡樂送」活動，6 月 17 日～6 月 19 日，凡在男裝賣場購物滿 200 元(限單張購物票據)的顧客即可得到啤酒一提(6 聽)或領帶一條，二者任選其一，票據不累計遞增。贈品數量有限，送完為止。

　　在其一家分店，6 月 12 日凡當日購物滿 100 元的父親，憑購物票據，即可領取蛋糕和黃玫瑰一套，每人限領一套，限前 50 人，送完為止。另一分店則在 6 月 17 日～6 月 19 日舉辦了「父親節購物送花籽」的活動，凡當日購物滿 200 元的顧客，即可免費領取花籽一包，每天限 100 包，贈完為止。

2.打折

　　打折商品大多是針對男士用品。如 2005 年父親節，廈門某商場皮具區全場 8 折(6 月 10 日～6 月 19 日)；岱·比華利、皮爾·卡丹皮包購買 580 元以上享受 8.8 折，購買 980 元以上享受 8.5 折，VIP再 9.5 折優惠；天王、美諾手錶全場新款 7 折(6 月 17 日至 19 日)。

3.娛樂活動

父親節與母親節類似，娛樂活動要注意圍繞親情做文章。某商場在 2002 年父親節組織了「『神氣老爸』孝子親情繪畫大賽」和「父子闖關趣味賽」活動。具體內容如下：

——「神氣老爸」孝子親情繪畫大賽。

時間：2002 年 6 月 5～6 月 16 日(16 日為父親節)。

地點：繪畫成品交至 1 樓服務台；獲獎作品展示於櫥窗內。

比賽方法：為了表達對父親的敬意與感謝，參賽者用畫筆將老爸最具特色的一面畫下來，並在畫像背面附上簡短的說明寄給商場，如：「健康老爸」、「快樂老爸」、「帥氣老爸」等。商場從中評選出 50 名獲獎作品在店外進行展示。6 月 5 日～6 月 12 日為作品收集期，6 月 13 日為作品評選期，6 月 14 日～6 月 16 日為獲獎作品展示期，6 月 16 日進行現場頒獎。

參賽條件：參賽者年齡 18 歲以下(含 18 歲)，畫體風格不限。

獎項設置：

一等獎 1 名　　價值 300 元的禮品；

二等獎 1 名　　價值 100 元的禮品；

三等獎 2 名　　價值 50 元的禮品；

紀念獎 46 名　精美禮品一份。

——父子闖關趣味賽。

時間：2002 年 6 月 16 日，15：00～17：30

地點：1 樓正門

文案：父子(或父女)免費組隊報名參加比賽，年齡不限，限報 30 隊。比賽分為：父子顛足球接力、父子卡拉 OK 對唱(伴奏帶自備)、你做我猜——父子默契大考驗，真情傳遞。參賽選手需按要求完成以

上內容，比賽採用計分制，評出冠、亞、季軍。

獎項設置：

冠軍 1 名　　　價值 400 元的禮品；

亞軍 1 名　　　價值 200 元的禮品；

季軍 2 名　　　價值 100 元的禮品；

參與獎 26 名　精美禮品一份。

這些娛樂活動很能表達出對父親關懷，是送給父親的親情禮物，所以頗受消費者喜愛，在遊戲娛樂之餘購物也是理所當然。

4.特色服務

特色服務項目也能有效吸引客流，2005 年父親節，某商場舉辦了免費攝影活動。在 6 月 7 日～6 月 19 日期間，凡當日購物滿 100 元的顧客即可參加，每對父子(女)限照一張，每天限前 100 人。

🔊)) 第二節　商場父親節促銷方案

一、活動目的。

二、活動時間

6 月 16 日～6 月 19 日

三、活動主題

父親節‧以父為名

四、活動地點

某百貨商場

五、活動準備工作。（略）

六、活動內容

1. 溫情父親節寄語活動

⑴時間：6 月 16 日～6 月 19 日

⑵內容：當日累計購物滿 100 元的顧客，可獲贈父親節溫情賀卡一張，寫下對父親的祝福，並由我店出資予以郵寄(贈完為止)。

⑶地點：2 樓會員服務中心

2. 父親節換購活動

⑴時間：6 月 16 日～6 月 19 日

⑵內容：當日累計購物滿 300 元加 50 元現金，可換購價值 248 元秋鹿男士家居服一套(換完為止)。

⑶地點：2 樓會員服務中心

3. 特別活動

報喜鳥、依文 T 恤特價 61.9 元/件(日限 100 件)；

購男裝滿 61.9 元加 30 元現金，可換購蒼龍西褲蘇格蘭飛人 T 恤/堡馬襯衫任意一件；

傑克鐘斯購正價褲子加 99 元贈指定款褲子一條；

派拉蒙購滿 600 元贈價值 268 元新款 T 恤一件；

6 月 19 日金利來男裝購滿 619 元贈精美禮品；

美國箭大型特賣 1～3 折。

4. 樓層精彩折扣

◎1 樓

⑴珠寶

鑲嵌飾品(部份)7 折；進口錶(部份)8 折；6 月 17 日～6 月 19 日「父親節專獻」：購金利來鑲嵌飾品即贈金利來精美皮具一件。謝瑞麟購滿 3800 元贈木質首飾盒一個，(我店獨享)My love collection 鑽石系列全新上市。

⑵眼鏡

CD、古馳等新款太陽鏡 8 折。

⑶手袋

佳連威、帕佳圖、弗歐索、巴黎世家、夢特嬌、聖人保羅等滿 200 送 100;迪桑娜購正價商品滿 1000 元贈價值 686 元女包一個;手袋區男包滿 200 送 100 基礎上現金購滿 1000 元再贈好禮:巴黎世家贈電腦包一個(限 10 個);夢特嬌贈價值 258 元皮帶一條(限 20 條);金利來贈價值 188 元領帶一條(限 10 條);卓凡尼·華倫天奴贈價值 138 元打火機一個(限 10 個);聖大保羅贈價值 125 元皮帶一條(限 10 條)。

⑷食品

購地方特產類商品滿 50 元贈 8 元商品;尤維斯大蒜精、深海魚油等 6 折。

◎2 樓

⑴飾品

諾維爾、蒙龍、羽莎等滿 200 送 150。

⑵女裝

愛之怡、利德爾等滿 200 送 150;皮爾·卡丹、聖諾蘭(部份)、藍地、珂曼等滿 200 送 100;阿勒錦、寶姿滿 200 送 80;褲子類滿 200 送 150。

◎3 樓

⑴男裝

尼諾里拉、威克多等滿 200 送 150;觀奇洋服、都彭、裏奧、藍豹、皮爾·卡丹等滿 200 送 80;襯衫、西褲、領帶、T 恤部份滿 200

送 150。

⑵男鞋

阿蘭德隆、卓凡尼‧華倫天奴、花花公子等滿 200 送 150；老人頭、皮爾‧卡丹、沙馳等滿 200 送 100。

⑶女鞋

接吻貓、哈森、奧卡索、米蓮諾、賓度、富貴鳥等滿 200 送 150。

⑷西 3 樓

童裝：米奇、本卡拉、派克蘭蒂、水孩兒、芝麻開門、杉杉、Momoco 等滿 200 送 100；昱璐 6～7 折；童鞋滿 200 送 100。

◎4 樓

⑴休閒

ESPRIT、ONLY、VERO MODA、珂羅娜、艾格週末部份滿 200 送 100；蘇格蘭飛人、波頓、霸獅騰等滿 200 送 150；NIKE360（部份）滿 200 送 80；諾帝卡戶外系列部份 6～7 折再滿 200 送 80；羊絨衫 5～9 折；襪子、家居服滿 200 送 150。

⑵運動休閒

銳步、彪馬、匡威滿 200 送 80，日高、安踏、哥倫比亞等滿 200 送 100。

⑶小家電

「還我帥氣老爸」：飛利浦、博朗、松下刮鬍刀全場 8.5 折；松下刮鬍刀 ES8156、ES8155 型 7 折，ES8017、8016 型 8 折；購博朗 S18 電動牙刷贈博朗 A1000 電吹風，購博朗乾電池電動刮鬍刀贈乾電池；購 INTERFACE 電動刮鬍刀贈鬍刀網包，購博朗任意款商品贈圓珠筆。

「幫老爸啟動健康生活」：歐姆龍名品血壓計、康伴低頻治療儀、

降壓儀全場 9 折。

　⑷西 4 樓

　床上用品、毛巾類、家居用品滿 200 送 100。

　七、費用預算（略）

　八、活動注意事項及要求（略）

心得欄 -

- -

- -

- -

- -

第 *14* 章

商場在重陽節的促銷

　　農曆九月九日為傳統的重陽節，又稱敬老節。古老《易經》中把「六」定為陰數，把「九」定為陽數，九月九日，日月並陽，兩九相重，故而古人稱之為「重陽」，也有的叫「重九」，認為是個值得慶賀的吉利日子。

　　慶祝重陽節的活動多彩浪漫，一般包括出遊賞景、登高遠眺、觀賞菊花、遍插茱萸、吃重陽糕、飲菊花酒等活動。而其中最具特色的就是，在這一天登高望遠，思念親人，因此重陽節又稱登高節。

◀)) 第一節　　商場重陽節促銷重點

　　伴隨著各類老年商品的不斷開發，在重陽節也有促銷的潛力，百貨商場可以挖掘重陽節的概念，通過各種手段促進銷售。

1.促銷商品選擇

重陽節是老人的節日,因此百貨商場的促銷商品可以選擇與老人有關的品項,如老人服飾、保健品、家居用品。此外,也可以選擇登山用品、菊花酒、重陽糕等,以及雞、雞蛋、豬肉、白酒等拜觀音用品。

商場在重陽節時推出老年人毛衫促銷,購毛衫可贈禮物及免費包裝,而對老花鏡則實行 7.8 折銷售。

在某廣場「七彩童年」主題式購物樂園現場購物的顧客,可免費獲卡參加「夕陽紅祖孫情」攝影大賽。

蜂蜜、蛋白粉和布鞋等商品也很受老人歡迎,這些都是重陽節促銷商品必選。此外,百貨商場還可以開設老年人購物專場等商品種類的促銷,增加促銷豐富性。

2.促銷時間安排

重陽節由於和中秋節相隔不遠,也和國慶日鄰近,因而促銷時間不是很長,規模也不是特別大。一般來說,重陽節的最佳促銷時間為農曆九月初一至農曆九月初九(重陽節)。

3.促銷手段

——打折。

打折是重陽節促銷中最常用的促銷手段,服裝半價、保健品九折等是每個百貨商場紛紛推出專供老人的特殊促銷政策。

重陽節促銷活動中,某商場中老年服裝一律半價銷售,珍貝、羊絨衫部份產品還是 5～9 折。打折大的主要是一些秋季服裝,冬裝產品也有小幅度的打折。在百貨地下 1 樓的保健品專櫃,一些降血壓、降血脂等保健品打 9 折。

——滿額送。

「購滿××元送××禮品」也是百貨商場常用的促銷手段。

· 「喜迎重陽節紹興花雕歡樂送」活動。在重陽節當日（10 月 22 日），凡購物滿 2000 元的顧客，憑購物票據可免費領取花雕酒一瓶（紹興產），每天限前 300 人，每人限 1 瓶。

· 「歡度重陽節——購物送驚喜」活動。重陽節當日購物滿 300 元的老年人，即可憑購物票據及本人老年證，免費領取光碟一張，限前 50 名顧客。

· 該商場還舉辦了重陽節購物送「敬老禮包」的活動，重陽節當日購物滿 500 元的老人，憑購物票據及本人老年證即可免費領取「敬老禮包」1 份，限前 50 名，金額不累計。

——文化娛樂活動。

這是重陽節比較常用的促銷手段。重陽節有登高的風俗習慣，許多百貨商場借此機會舉辦一些登高活動，提高自己的人氣，以便於促進銷售。例如書畫展、戲曲表演等都是比較受老年人歡迎的文化娛樂活動。某商場在開展贈送活動的同時就舉辦了「重陽節中老年書畫作品展」和「重陽節——戲台開鑼啦！」的娛樂活動。

——公益活動。

公益活動能吸引老年人，贏得他們的忠誠，有利於提升企業形象，增加商場的潛在消費者，因此商場可以從這方面入手進行策劃。在重陽節開展「重陽節中老年健康諮詢」的公益活動，在 10 月 21～23 日為中老年人提供健康諮詢服務。

◀)) 第二節　重陽節促銷方案

案例 1：百貨商場重陽節促銷方案

一、活動目的（略）

二、活動時間

10 月 8 日～10 月 20 日

三、活動主題（略）

四、活動地點

××商場

五、活動準備工作（略）

六、活動內容

1. 水映夕陽，一日三遊

具體內容：凡當日購物滿 2000 元的顧客（60 歲以上），即可憑票據及有效證件換領抽獎卡一張（每人僅限一張），將其相關資訊填寫在抽獎卡上，投入抽獎箱中，即有機會贏得「京城水系一日三遊」的大獎，每日將產生 10 名幸運顧客。隨行顧客可享受優惠票價（參加活動的顧客要求身體健康、行動方便）。

抽獎時間：10 月 8 日～10 月 20 日

出團時間：10 月 22 日

2. 慶重陽節，中老年才藝表演

具體內容：凡年齡在 60 歲以上的老人即可憑有效證件將自己的

書法、繪畫、攝影等作品交到商場服務台，優秀作品還將在店內樓梯處進行張貼，並有禮品贈送。

徵集時間：10 月 8 日～10 月 13 日

展示時間：10 月 14 日～10 月 20 日

3.中老年民俗秧歌、交誼舞會

重陽節期間，該商場為廣大顧客準備了精彩的秧歌表演，同時，還有豐富的中老年交誼舞會，中老年人可以來這裏翩翩起舞、鍛鍊身體、結交朋友。

活動時間：10 月 14 日

4.×分店　金秋時節——小朋友樹葉作品展

具體內容：小朋友可以用樹葉製作各種手藝品，送交該商場，在店內進行展覽。

徵集時間：10 月 8 日

徵集地點：一樓諮詢台

5.×分店　韓國娃娃漫畫、配音大徵集

具體內容：凡購買「娃娃」任意商品的顧客即可參加娃娃漫畫配音活動，優勝者還有獎品贈送。

報名時間：10 月 8 日～10 月 18 日

報名地點：三樓文玩賣場

活動時間：10 月 20 日

6.Y 店　重陽節中老年健康諮詢活動

具體內容：免費為中老年朋友測血壓、稱體重並有相關保健問題諮詢及產品介紹。

活動時間：10 月 12 日～10 月 14 日上午 10:00 至下午 17:00

地點：店正門外

7. Y 店　金秋新視點——旗艦摩托車俱樂部摩托車展示會

具體內容：展示品牌車型，並現場諮詢有關摩托車的問題。

活動時間：10 月 19 日～10 月 20 日 10：30～18：00

地點：店正門外

8. Y 店　秋冬的呵護

凡購 2000 元的顧客可免費得到美容卡一張。

七、費用預算（略）

案例 2：商場重陽節促銷方案

一、活動目的

本次活動主要針對特殊消費群——老年人，通過舉辦一些保健類商品、老年用品等促銷活動，增加本超市的公眾形象。

通過「義診」活動、到敬老院送溫暖等活動，提升本超市的社會知名度。

通過舉辦老年歌舞表演等活動，增加本超市的親和力，真正使「重陽節」富有人情味。

二、活動期間

10 月

三、活動主題

禮敬老人　送上溫馨　送上健康

四、活動地點

××商場

五、活動準備工作

電視台：10 月 8 日～10 月 13 日

電視報：一期

晚報：一期

DM：一期

1.演出準備

服裝、道具、場地、人員等

2.禮品

與供應商談判，讓其提供禮品

3.部門協調

與相關商品部門協調，組織特價促銷商品

六、活動內容

1.「重陽節」特價酬賓保健酒類、保健品類、保健食品類及其他老年用品等。

2.保健品廠方促銷活動。

3.「健康是福」義診活動（由保健品廠方提供）。

4.老年歌舞表演

重陽節當天晚上開始，在超市外場舉行老年歌舞表演。演員由街道提供，20 名，每人送禮品一份（由保健品廠方提供）。

5.向健康老人、幸運老人送真情

⑴滿 60 週歲老人憑身份證可獲得「會員卡一張和贈品一份」。每天限前 50 名。贈品由各廠商聯合提供。

⑵滿 80 週歲老人可獲得健康老人禮品一份。

⑶生日為 10 月 14 日（重陽節）的 60 週歲以上老人，可獲得幸運老人禮品一份。

⑷該項活動聯繫一家保健品供應商聯合舉行，時間在重陽節當天

晚上，穿插在歌舞表演時進行。

七、費用預算

1.廣告費

電視台：××元

晚報：80000 元

DM：10000 元

合計：××元

2.記者執行費

電視台、日報、晚報記者共 4 名，每名 500 元左右紀念品（由廠商提供）。

3.演員禮品

1000 元左右（由廠商提供）。

八、活動注意事項及要求

1.提前做好宣傳工作，聯繫好電視廣告的設計和播出時段、報紙的版面等。

2.提前印製 DM 海報並發放。

3.與供應商協商禮品的贊助等。

心得欄 _____

第 *15* 章

商場在婦女節的促銷

　　每年的 3 月 8 日是婦女節，又稱「國際婦女節」，是世界各國婦女爭取和平、平等、發展的節日。

　　婦女節是女性的專門節日，針對女性的商品越來越多，銷售也越來越好，同時，該節日剛好處於銷售開始下滑的 3 月份，加之大多數單位都會對女性放假半天，多數商場都會利用這一主題大做文章，以緩減銷售下滑的幅度。

　　由於該節日沒有長假，人們不會出門旅遊，大多都是選擇逛街。甚至在百貨商場，婦女節期間女性用品的銷售比春節還火暴，因此，「三八」婦女節又有「女性黃金週」之稱。因此，婦女節日促銷商品選擇的一個重要原則是，必須找到與節日恰當的結合點。結合點要鮮明，突出節日氣氛，還要吸引顧客。

🔊 第一節 商場的婦女節促銷重點

1.促銷商品選擇

就婦女節的促銷商品而言，一般都是女士用品，包括服裝、保健品、化妝品，還有清潔用品、鮮花等，這些都是婦女節促銷商品的首選。而其中，女式內衣的銷售相當火暴。一家商場在「三八」婦女節期間推出的「關愛女士送真情」活動，把相關的化妝品、珠寶首飾以及時裝、家飾品等多個類別的商品全面納入打折、有獎促銷和女士購物贈禮品等特色活動中。甚至還有的商場將男士用品也納入促銷範圍的。

2.時間安排

一般來說，婦女節的促銷最佳時機為 3 月 1 日～3 月 15 日（為期半個月），屆時應推出系列促銷活動，賣場氣氛促銷方面也需要加強。

3.商品陳列

對於重點促銷商品，如婦女用品、保健品、化妝品、清潔用品等應做堆頭陳列。各分店應設立婦女用品特賣區，將推出商品集中陳列，並且依據各種商品不同的特性，可以採用不同方法陳列，例如珠寶可以用突出陳列法，服飾則用模特等陳列方法。

4.賣場裝飾

賣場裝飾主要是為了烘托賣場的節日氣氛。婦女節裝飾一般可以將宣傳主題用美工書寫成大字裝飾陳列區，同時可以推出特價商品專版宣傳、簡要促銷活動介紹等。

5.宣傳媒體

婦女節的促銷活動可以用海報、廣播、婦女雜誌進行宣傳，以及婦女特價商品推介等。

6.促銷手段

　　——打折。

打折依然是百貨商場使用較多的促銷方法。婦女節中各大百貨商場開展「迎接『婦女節』全場 6 折起」、「特賣 3 折起」等打折活動，很多商家把春裝上市和「三八」節促銷結合起來，趁勢對新款衣服進行宣傳，對羽絨服、羊毛衫等冬裝進行大幅度打折清倉。

婦女節時，很多商場的打折力度都非常大，黛安芬、安莉芳、豐美等內衣直接按 500 元、600 元、700 元等檔次特價銷售，而多款名牌女裝也紛紛拋出了 3～5 折的誘惑價格。

　　——公益活動。

除了服飾，在各大百貨商場中的化妝品專櫃以及大大小小的美容用品店裏，商家除了以打折來吸引女性消費者外，還為女性顧客現場做美容、化妝或護膚諮詢等。這些促銷活動吸引了大批消費者，也在無形中培養了許多潛在顧客。

此外，某商場進行「關愛女性」為主題的促銷活動，工作人員在現場演示花茶的沖泡方法。這些活動更能吸引顧客眼球。

　　——禮品贈送。

禮品贈送這種給顧客送實惠、送誘惑的促銷手段越來越多地被用在各式促銷中，在婦女節促銷中也廣泛使用。

婦女節當天，一家大型商場大門口，幾名帥氣的商場男主管手捧鮮紅的玫瑰，每位進門的女顧客都能獲贈一枝。

還有一種禮品贈送形式是滿額送。某商場曾於婦女節期間推出滿

38 元送圍兜的促銷活動，溫馨實惠；購買洗髮護髮、休閒食品、減肥商品、護膚化妝品、女性內衣等女性商品的，可獲得精美雜誌一本。

——娛樂活動。

針對婦女節對象的特色，特為女性量身定做的促銷活動也有很多。例如：一些商場推出涵蓋美容、秀髮、美甲等方面的系列活動；某商場模特進行「內衣秀」展示，模特穿著各種樣式的精美內衣，穿梭在店堂內的 T 型台上，吸引了眾多目光；某廣場舉行第一季女性春夏新款百變試衣會。

針對婦女節的促銷活動規模越來越大，除了上述幾種促銷手段外，抽獎也是利用比較多的。曾有商場推出「××帶你去旅行」的抽獎活動，消費滿 1000 元即可參加抽獎，頭獎是港澳四日遊。

🔊))) 第二節　婦女節促銷方案

案例 1：某商場婦女節促銷方案

一、活動目的
通過打折買贈等手段增加客流，促進相關商品的銷售。
二、活動時間
3 月 4 日～3 月 13 日
三、活動主題
春光綻放衣撩人——歡度婦女節
四、活動地點

××商場

五、活動準備工作。（略）

六、活動內容

1. 地下一樓

⑴時間：3 月 4 日～3 月 13 日

⑵內容：

達芙妮：新款春鞋全場 8.8 折

富貴鳥：新款春鞋全場 8 折

森達：新款春鞋滿 300 元抵扣 50 元，再贈送精美禮品一份

HANGTAN：男女休閒鞋滿 300 元當場抵扣 40 元

步璐姆、瑞儷：新款春鞋全場 8 折，再贈送精美禮品一份

華倫天奴、吉尼雅：男鞋全場 7.5 折

2. 一樓

⑴時間：3 月 5 日～3 月 8 日

⑵內容：

羊毛衫同一品牌，滿 200 元當場抵扣 60 元。

化妝品 8～9 折，並有贈品贈送活動（部份品牌除外）。

凡購滿 100 元，贈芭黎小站香氛系列優惠券一張（20 元抵扣券）（限 3 月 8 日當天）。

3. 二樓

⑴時間：3 月 4 日～3 月 13 日

⑵內容：

冬裝全場 2 折起；春裝閃亮登場並優惠酬賓；3 月 5 日起品牌胸罩繽紛揭幕，更推出重重優惠，連連驚喜；婦女節期間特推出團購優惠服務。

4.四樓

⑴時間：3 月 4 日～3 月 13 日

⑵內容：

艾格、拉夏貝爾、凱迪。米拉等淑女裝冬令商品 3 折起；

四樓旗艦店新開業「雙重喜」，全場 8 折，購任一款威鵬服飾送運動水壺一隻；

案例 2：某超市婦女節促銷方案

一、活動目的

1.吸引目標顧客，尤其是女性顧客的目光，刺激和誘導顧客消費，回升消費熱情，提高總體的銷售額。

2.吸引新顧客群的注意力，並培養顧客的忠誠度。

3.結合「3.15」消費者權益保護日，穿插公益活動，營造本超市注重消費者權益的良好公眾形象；同時塑造和提高超市的品牌形象，提升超市的知名度和美譽度。

二、活動時間

3 月 3 日～3 月 15 日

三、活動主題

三月女人天　亮麗婦女節

四、活動地點

××超市

五、活動準備工作

1.宣傳部負責跟蹤宣傳促銷活動，撰寫媒體軟廣告，以形成良好

的促銷效果。

2. DM 海報派發：22 萬外派（第一、二商圈）。

3. 對店內員工進行培訓，使其熟悉活動整體內容及工作方法。

4. 與供應商談判，保證贊助贈品和促銷商品貨源到位。

5. 製作氣氛佈置樣圖，並按該圖佈置超市氣氛。

6. 做好促銷活動前的贈品、禮品準備。

六、活動內容

本次促銷活動由四個部份組成，具體內容如下：

1. 家庭好「煮」意

⑴活動時間：3 月 3 日～3 月 8 日

⑵活動內容：

3 月 3 日～3 月 8 日，超市設立家庭好「煮」意徵集箱，向廣大顧客收集家庭好「煮」意。凡參加活動的顧客均可領取小禮品一份（店內庫存贈品），每天限 50 份，送完為止。

超市將於 3 月 8 日邀請店內專業廚師對所徵集的好「煮」意進行評選，並於 3 月 9 日公佈評比結果，並附上好「煮」意的菜譜，中獎的顧客於 3 月 15 日前憑有效證件到超市總服務台領取獎品，逾期作廢。

評獎結果如有一人獲多個獎項時，只贈送顧客一份獎品。

⑶宣傳文案：

活動期間，超市向廣大顧客收集家庭好「煮」意，無論是您學來的，還是您親身體會的；不管是炸、炒、滾，還是煮、燜、蒸，題材不限，您都可以把您的好「煮」意寫下來，並投到超市家庭好「煮」意徵集箱內，凡參加活動的顧客均可領取小禮品一份（店內庫存贈品），每天限 50 份，送完為止。超市將於 3 月 8 日邀請店內專業廚師

從中評選出創意大獎 1 名，最佳「煮」意獎 3 名和優秀「煮」意獎 38 名。

超市將於 3 月 9 日將評比結果公佈於正門宣傳板上，並附上好「煮」意的菜譜，中獎的顧客於 3 月 15 日前憑有效證件到超市總服務台領取獎品，逾期作廢。

最佳「煮」意獎：獎價值××元的商品(1 名)

優秀「煮」意獎：獎價值 10 公斤麵粉 1 袋(38 名)

備註：評獎結果如有一人獲多個獎項時，只贈送顧客一份獎品。

2.超市送出的美麗──「美麗與您同行　生日有我相伴」活動

⑴活動時間：3 月 3 日～3 月 8 日

⑵活動內容：

在超市總服務台設立專門的「婦女節幸運抽獎箱」，凡是 3 月 3 日～3 月 8 日出生的女性在此活動期間在超市購物的，均可參與抽獎活動。3 月 8 日下午從「婦女節幸運抽獎箱」中抽取 8 名幸運獎，中獎者可於 3 月 8 日下午～3 月 10 日到超市領獎。

⑶活動文案：

①凡於 3 月 3 日～3 月 8 日出生的女性均可參加本項活動。

②超市總服務台為您專門設立了「婦女節幸運抽獎箱」，凡於活動期間購物的女性，憑電腦票據和身份證到服務台，經確認後將電腦票據投入「婦女節幸運抽獎箱」中(請在票據背面寫上姓名和聯繫方式)，就有機會獲取超市婦女節禮品包(×××烏雞精 1 盒(20ml×10)、洗髮露、牛奶)。

③3 月 8 日下午將從「婦女節幸運抽獎箱」中抽取 8 名幸運的女性朋友，名單公佈在超市正門宣傳板上。

④領獎時間：3 月 8 日下午至 3 月 10 日，逾期作廢。

3.扮靚女人天　購物添光彩

⑴活動時間：3 月 7 日～3 月 8 日，每天 8:30～18:50

⑵活動內容：

活動期內，凡在本超市購物的女性顧客（無論金額多少）和在本超市購物滿××元的男性顧客，即可參加大轉盤一次。如果顧客轉中的時間正是其購物的時間段，超市將贈送其相應的「三八節」禮品，一票限轉一次。

時間設定（每 30 分鐘為一單元）：

8:30～9:00，贈牛奶 1 盒

9:00～9:30，贈牛奶 1 盒

9:30～10:00，贈強生嬰兒滋潤沐浴露 300ml

10:00～10:30，贈牛奶 1 盒

10:30～11:00，贈柔潤護手霜 75 克

11:00～11:30，贈美顏口服液 1 盒（120ml×4）

11:30～12:00，贈柔潤護手霜 75 克

12:00～12:30，贈當歸阿膠烏雞精 1 盒（20ml×10）

12:30～13:00，贈牛奶 1 盒

13:00～13:30，贈洗髮露 1 瓶 200ml

13:30～14:00，贈牛奶 1 盒

14:00～14:30，贈強生嬰兒滋潤沐浴露 300ml

14:30～15:00，贈牛奶 1 盒

15:00～15:30，贈口服液（152ml×2）

15:30～16:00，贈牛奶 1 盒

16:00～16:30，贈沙宣加強造型睹哩 150ml

16:30～17:00，贈牛奶 1 盒

17:00～17:30，贈洗髮露 1 瓶 200ml

17:30～18:00，贈牛奶 1 盒

18:00～18:30，贈強生嬰兒滋潤沐浴露 300ml

18:30～17:00，贈牛奶 1 盒

19:00～19:30，贈柔潤護手霜 75 克

19:30～20:00，贈牛奶 1 盒

20:00～20:30，贈美顏口服液 1 盒(120ml×4)

預計每天每個時間單元送出的贈品 10 盒。

備註：企劃部需根據客流等情況，將贈品贈送數量儘量控制在預計之內(如控制好時間、參與人數等)。活動時間以購物票據上的時間為標準，超市保留活動的一切解釋權。

4.公益義捐拍賣會——「因為奉獻，所以快樂」

⑴拍賣會目的：利用「三八」婦女節和「3.15」消費者權益保護日，在活動中注重以公關活動為主，穿插超市的促銷活動，營造本超市注重消費者權益的良好形象；同時塑造和提高超市的品牌形象。

⑵活動時間：3 月 3 日～3 月 15 日

⑶活動內容：

3 月 14 日～3 月 15 日在超市內陳列展示顧客義捐的所有作品，於 3 月 15 日下午 16:30 舉行「因為奉獻，所以快樂」公益義捐拍賣會，所有拍賣所得統一捐給有關慈善機構。拍賣金額最高的前 3 名，將被評為「公益慈善愛心大使」，頒發榮譽證書，同時每位義捐的顧客均可得到由本店店長簽字的紀念書籤一張。

⑷活動文案：

無論是您本人手工製作、編織的飾物，還是您書寫、描繪的藝術書畫，甚至是您珍藏已久……只要您願意，都可以把它義捐到××超

市，我們將會把所有的作品於 3 月 14 日～3 月 15 日在超市內進行陳列展示，並於 3 月 15 日下午 16：30 舉行「因為奉獻，所以快樂」公益義捐拍賣會，所有拍賣所得將由超市統一捐給有關慈善機構（暫定為紅十字會），拍賣金額最高的前 3 名，將被評為「公益慈善愛心大使」，頒發榮譽證書，同時每位義捐的顧客均可得到由本店店長簽字的紀念書籤一張。

因為奉獻，所以快樂

請讓我們一起

用真誠去服務顧客

用承諾去保證質量

用愛心去編織溫暖

用行動去奉獻愛心

……

⑸活動細則：

①××超市將義捐出售價總價為 2000 元的家用電器、日用品等（不少於 5 件），保證義賣底價為 1000 元以上（義賣最高金額評選不包括超市義捐的商品）。

②服務中心、防損部和企劃部負責收集顧客捐贈品，並進行編號、保存和登記（包括主題、規格、來歷、顧客的意願拍賣價格和顧客的基本資料如姓名、身份證號和聯繫方式等），認真填好捐贈登記清單，並需顧客簽字和防損值班人員簽字確認。

③企劃部需做好活動資訊傳播，包括 POP 和拍賣現場的佈置、陳列和拍賣工作。

④企劃部需做好陳列展示工作包括放置資料。

⑤企劃部、防損部、財務部、收銀部需做好義賣金額統計和上報

工作；防損部需嚴格監督義捐拍賣過程，企劃部、財務部需認真填寫《××超市義捐拍賣清單》並需企劃經理、店財務經理和防損人員、店長簽字確認，並於活動結束後 3 天內(即 3 月 18 日前)將《××超市義捐拍賣清單》統一由總部財務部轉給相關慈善機構。

七、費用預算(略)

八、活動注意事項及要求

1. 在大門口或明顯促銷區域堆頭陳列。

2. 背景音樂：店內廣播反覆宣傳。

3. 入口處粘貼大型 POP、大條幅，配合店內氣氛 POP。

心得欄 ----------------------------

第 *16* 章

商場在元宵節的促銷

　　農曆正月十五夜，是民間傳統的元宵節。正月是農曆的元月，古人稱夜為「宵」，所以稱正月十五為元宵節。正月十五日是一年中第一個月圓之夜，也是一元複始、大地回春的夜晚，人們對此加以慶祝，也是慶賀新春的延續。

　　元宵節又稱為燈節，將從除夕開始延續的慶祝活動推向又一個高潮。元宵之夜，大街小巷張燈結綵，人們賞燈、猜燈謎、吃元宵，成為世代相沿的習俗。

　　作為重要傳統節日之一，元宵節承載著許多文化，與許多特定的習俗（如賞燈、吃元宵）聯繫在一起，而且與春節間隔時間很近，商場往往在春節後，緊接著推出元宵節促銷活動。

🔊 第一節　元宵節如何促銷

元宵節促銷主要是借助元宵節傳統特點，使消費者感受到節日氣氛，營造一種購物氣氛。

元宵節的各種傳統活動項目，例如吃湯圓、賞花燈、猜字謎等，都蘊涵著團圓、甜蜜、吉祥、幸福的內涵，因此百貨商場的促銷可重點圍繞跟元宵有關的食品、商品展開促銷。同時借助煙花爆竹、舞師舞龍、大紅燈籠高高掛、猜字謎等傳統活動來助興，營造出元宵節熱鬧的氣氛。

1.促銷主題的確定

主題確定要有感召力，同時突出其節日特色。依據元宵節傳統特色，在元宵節當日，民俗活動主要是張燈、猜燈謎、吃元宵，這些都是民俗活動，是中國特有的傳統節日習慣。

元宵節主題確定可以根據此節日特點來命名。例如「購物滿××元贈送湯圓」、「節日串串燒，燈謎大禮包」等這些促銷主題都是圍繞元宵節特有的活動來確定的。

有些年份元宵節和西方情人節時間間隔比較短，許多百貨商場將這兩個節日一起進行促銷活動，有以「浪漫情人節暨第六屆元宵猜謎節」、「夢幻之旅歡樂過春節、情人節、元宵節」為主題的促銷活動。

2.促銷商品的選擇

促銷商品的選擇當然是要考慮民間習俗，例如元宵、彩燈之類。在元宵節來臨之際，這些和節日習俗聯繫在一起的商品都成了敏感商

品,促銷活動也要圍繞它們來開展。例如購買商品滿多少元贈多少元宵或者對元宵給予優惠。

另外,春節一過,春節服裝即將上市,對於學生來說,新的一學期也將開始,因此元宵節促銷還可圍繞服裝、學生用品等展開促銷。

3.促銷手段的運用

——贈品。

購物贈元宵成為商場元宵節促銷的一大特色,由於商品日益豐富,平日裏很容易買到元宵,所以人們不再單純是為了吃而買,而只是追求一種節日氣氛,本著嘗鮮的心態購買。元宵成為商家借機促銷的商品。這種溫馨的促銷方式頗受消費者歡迎,大大增加了消費者的購物熱情。

某百貨公司就推出了購物贈元宵的活動。2月17日起至2月23日,顧客當日單筆消費滿 1000 元的,即可獲贈元宵禮盒一盒。每日限量 100 盒,先到先得,多買不多送,送完即止。

——娛樂活動。

元宵節特有的風俗習慣張燈、猜謎、吃元宵等已成為元宵節娛樂活動的切入點。元宵節期間,許多百貨商場利用多種多樣娛樂活動來渲染促銷氣氛,增加隨機購買。

某商場在元宵節安排了「許願、猜謎送好禮」活動,該活動持續兩天時間。

商場裏佈置了一棵「許願樹」,在這兩天裏,顧客可以將對朋友和親人的祝福寫在卡片上,掛在「許願樹」上,商場於 17 日從中抽取幸運獎 66 名,並贈送精美禮品一份。

同時,該百貨商場還在 1 樓共用空間、7 樓準備了 3000 多條謎語讓顧客猜,猜對 5 條即可獲精美禮物一份,多猜多中,禮品更豐厚:

猜對 5 條獲牙籤盒、雙層杯等禮品，猜對 20 條以上獲檯曆計算器（限
200 名）。

　　——打折。

　　元宵節促銷打折主要在元宵這種商品上。這種商品時效性比較
強，如果錯過了最佳銷售時期，很可能就成為商品折損。所以價格戰
是元宵節促銷中比較常用的促銷手段之一。同時也會有一些新口味的
湯圓優惠價上市，這種促銷方式效果也比較明顯。

　　商場的店鋪中，元宵節促銷的湯圓價格一般都下降了一至兩成。
某商場元宵節當天，湯圓的銷售量佔全部冷凍食品的 2/3，銷售額會
比往年增加四成左右。湯圓品種越來越多，元宵節除了傳統的香芋、
花生米、黑芝麻、白芝麻、綠茶、糯米餡外，還有脆皮元宵、鳳凰元
宵、金薯元宵等新品上市。湯圓品種有 60 多個，比往年多了兩成。

　　——增加小吃項目。

　　元宵節除了逛街賞燈玩樂外，吃喝也是必不可缺少的，在購物之
餘，吃上一些香噴噴的小吃對顧客來說必定是一個極大的誘惑。因
此，商場可以在某樓層一個區域或者在商場門口開設小吃一條街，準
備烤羊肉串、炸湯圓、冰糖葫蘆、炸香腸等小吃，或者購物滿一定金
額後贈送一定面額的小吃券。

🔊 第二節　商場元宵節促銷方案

一、活動目的
吸引客流，提升銷售額，增加顧客對商場的忠誠度。

二、活動時間
2月24日～2月25日

三、活動主題
活動主題：濃情元宵

活動口號：相會在元宵、又到元宵佳節時、共度元宵良辰美景、大紅燈籠高高掛、紅紅火火過元宵

四、活動地點：商場及門口

五、活動準備工作
1. 促銷商品準備
2. 佈置小吃一條街
3. 搭建元宵遊樂區
4. 與相關各方的聯繫與協調

六、活動內容
1. 團團圓圓過元宵　美味湯圓大聯展

⑴開闢湯圓食品專櫃，包括各種品牌湯圓，如龍鳳湯圓系列、思念湯圓系列、米酒等。

⑵超市購物滿1000元，即贈送湯圓一袋，或小燈籠一個。

2.元宵小吃一條街

在商場門口開設小吃一條街，開設十個左右攤位，包括湯圓、冰糖葫蘆、臭豆腐、炸香腸、羊肉串、裏脊肉等，現場製作，購物滿500元即贈送價值20元小吃券，滿800元送50元，以此類推，多買多送。

活動細則：

⑴在現場設立一個服務處，顧客憑購物票據到服務處領取小吃券，顧客憑小吃券即可到攤位上購買小吃。

⑵小吃券不可兌換現金，也不設找兌。

⑶除了用小吃券消費外，顧客也可用現金購買，必須在現場明碼標出小吃價格，讓顧客一目了然。

3.良辰美景共賞　元宵遊園齊樂

開闢元宵遊樂區，搭成葡萄架形式，懸掛各式燈籠，內含各種字謎，無論是否購物，均可參與猜謎，凡猜中即有獎品，獎品為精美小禮物或購物券，價值根據各字謎難易程度確定，獎品可直接標在燈籠上，一般獎品價值為500元以下。

同時在遊樂區內可增設套圈、一些民間雜技表演等活動。

⑴套圈

購物滿300元即可參加套圈一次，每次10個圈，套中了即可拿走所圈住之物。圈中物品根據價值大小來進行遠近距離拜訪。物品總體價值設置可根據滿多少的定額來確定，滿多少的定額越高，禮品價值也可相對提高。一般而言，物品價值不可過高，一是防止高價值物品損壞，二是滿多少定額降低是相對提高顧客參與人數。顧客也可自己出錢套圈。

⑵民間雜技表演

邀請一些民間團體表演舞師舞龍、耍猴等雜技表演，增加元宵節熱鬧氣氛。

七、活動注意事項及要求

⑴小吃攤位的設置，除了把一些商家已經有的小吃搬到現場外，還可以邀請一些地方名小吃店到現場製作售賣。

⑵小吃製作必須注意衛生，要採取一定措施避免油煙污染及灰塵影響，同時要預防自然風雨的影響。

⑶遊園佈置必須精美，注意維持活動現場秩序。遊園活動的開始和結束可以爆竹鳴號。

第 *17* 章

商場在七夕節的促銷

　　七夕節又叫「情人節」，即農曆七月初七。這是中國傳統節日中最具浪漫色彩的一個節日，相傳這一天是牛郎織女鵲橋相會的日子。人們傳說，在七夕的夜晚，抬頭可以看到牛郎、織女的銀河相會，或在瓜果架下可偷聽到兩人在天上相會時的脈脈情話。

　　七夕節已經演繹為情人節，許多人都選在七夕節訂婚和辦喜事。七夕節有吃巧食的風俗。七夕節越來越多地被各大商家應用來搞促銷活動。

🔊 第一節　商場七夕節促銷重點

1.促銷對象

　　七夕節前期，許多百貨商場採用大量的海報等以七夕節為宣傳主

題，達到促銷目的。

　　從近兩年七夕節促銷的目標消費群體分析來看，慶祝七夕節的消費群體主要是年輕人。例如在七夕節銷售的情侶玉 90%以上都是被 30 歲的人買走的。

　　中老年人受傳統文化影響比較深，希望在這個節日裏向愛人表達相伴多年的情意。這種現象也是七夕節特有的中國傳統文化底蘊的表現。

2.時間安排

　　七夕節促銷時間一般為農曆七月初一（提前 7 天）至農曆七月初七（七夕節），前後一週左右，其間各種促銷活動可以分時段分別進行。

3.商品策略

　　七夕節是中國的情人節，自然應當選擇與愛情相關的商品如鮮花、玫瑰、巧克力等作為促銷商品。

　　七夕節具有濃郁的中國情調，積澱了很深的文化色彩。因此，促銷商品也應當選擇具有濃厚的文化色彩並與愛情有關的商品，例如玉石，幾千年來一直被人們視為避邪的吉祥物，而其中被譽為玉石之王的翡翠，更因沉澱了濃厚的傳統文化而顯得彌足珍貴。

4.促銷手段

　　越來越多的百貨商場推出類似「情侶購物折上折」、「七夕節購物滿 500 送 50」等促銷活動。還有一些主題為「情侶 80 分撲克牌大獎賽」、「『七夕情人節‧鑽石之約』7777 元的鑽戒，誰出價最低，誰拿走！」的促銷活動，其促銷手段主要是滿額送、比賽活動、打折降價。

5.文化營銷

　　七夕節文化營銷活動推出主要有兩個方面原因：一是烘托中國傳統文化，二是借助其節日宣傳其企業文化底蘊。愛家家居通過此種方

式達到其促銷目的，七夕節商場推出主題為「倡導愛家榜樣，構築和諧生活」的促銷活動，結合七夕節浪漫的愛情故事和民族文化內涵，將「愛家」和「構建和諧生活」做代言，把節日氣氛和企業理念結合在一起。

　　「七夕中國情人節」系列活動中，有「100 對情侶，100 個感動中國的愛情故事」徵集活動和「激情情人夜，讓真愛永恆」情人節現場晚會，同時還有主題為「愛要讓他看見，心要讓她聽見的愛情宣言板——示愛總動員」的現場活動舉行。與此同時，還推出了「繽紛傢俱節，百萬禮品凡買即送」大型促銷、「傢俱特價風暴月」、「有情人憑結婚證領取買傢俱 800 元現金卡」等優惠活動。這些促銷活動都表現了中國傳統節日的獨特文化內涵，取得了好的效果。

🔊 第二節　商場七夕節促銷方案

　　一、活動目的（略）
　　二、活動時間
8 月 2 日～8 月 14 日（這一年的 8 月 11 日為農曆七夕節）
　　三、活動主題
浪漫七夕節特別活動
　　四、活動地點
××商場
　　五、活動準備工作（略）
　　六、活動內容

1.七夕節　情人結大贈送

當日購物滿 2000 元的顧客，憑購物票據即可免費領取「七夕情人結」一個，祝福天下有情人永結同心！每天限前 200 人，每人限 1 個。

活動時間：8 月 5 日～8 月 7 日、8 月 11 日

2.暑期成長尺歡樂送

當日在童裝、文玩賣場購物滿 2000 元的顧客，憑購物票據即可免費領取成長尺一個，每天限前 100 人。同時，持 2004 年兒童節成長尺來店的顧客，還將得到意外驚喜呦！

活動時間：8 月 6 日、7 日、13 日、14 日

3.××一店促銷活動

⑴浪漫七夕節——情歌對對唱

七夕節是傳統的情人節，這一天將邀請情侶們在愛心舞台上一展歌喉，以此來抒發對他或她的愛意吧！（參與者均可獲贈我們的七夕節大獎！報名者需自帶光碟）

報名時間：8 月 2 日～8 月 10 日

報名地點：一樓服務台

活動時間：8 月 11 日

活動地點：店外側

⑵七夕節——情侶派對遊戲大串聯

在七夕節來臨之際，我們為情侶們準備了豐富多彩的派對遊戲。快來報名參加吧！祝願天下有情人終成眷屬！

報名時間：8 月 2 日～8 月 10 日

報名地點：一樓服務台

活動時間：8 月 11 日

活動地點：店外側

(3)**快樂暑期——經典卡通片大放送**

在暑假期間，我們將為廣大小朋友們準備一場經典的卡通片。<還有飲料供應喲！>

影訊詳見店外明示

放映時間：8 月 6 日、7 日、13 日、14 日

具體時間：19：00～21：00

放映地點：店外側

4.其他各分店促銷

××二店：共種愛情花——七夕節花籽大贈送

　　　　　七夕節最佳情侶照片大徵集

××三店：快樂暑假歡樂遊戲總動員

　　　　　浪漫七夕　節歡樂在華堂

××四店：語言大比拼(漢語、英語)、電玩遊戲(打野豬)

　　　　　抓乒乓球比賽、學做美味沙拉

××五店：七夕節免費攝影

　　　　　快樂暑假　賓果遊戲大家樂

第 *18* 章

商場換季促銷

　　商品往往都有季節性，於是就有了銷售的當季與非當季、旺季和淡季。例如，羽絨服、電暖氣屬於冬季會旺銷的商品，而 T 恤衫、冷氣機則是夏季旺銷的商品。

　　季節性促銷包括應季促銷和反季促銷。商家在商品的銷售旺季採取一定的促銷手段來迅速提升銷售額的做法，稱為應季促銷；在銷售淡季也往往以極大的優惠力度來促進反季商品的銷售，就是反季促銷。適當的季節性出清可以節約庫房，有利於資金回籠，因此在銷售旺季即將過去時，往往對過季商品進行促銷，例如在秋季來臨時會對夏季商品進行促銷出清。

　　季節性促銷的 POP 通常以系列性 POP 來裝飾店面，重點襯托出各季節特有的氣氛。例如夏季佈置為具有「海灘戲水」的涼快景色。而在主題上，一般都直觀地體現了季節特點和促銷力度，如「夏季風暴起，狂折掀巨浪」，明確揭示了是夏季的促銷活動，而且打折力度很大；又如「換季大清倉」，表明是在換季時對過季商品的促銷。

🔊 第一節　季節促銷的主要手段

　　由於競爭的加劇，如何在銷售淡季提升銷售額，成了銷售計劃的關鍵，因此反季節促銷愈演愈烈。例如大商場裏，過季夏裝甩賣和秋裝促銷實現的銷售額相當可觀，而且一些頗受歡迎的知名品牌甚至還因為折扣大而出現了「銷售一空」的斷貨情形。一百貨商場裏的「夏末平價」活動異常火爆，促銷噱頭更是誘惑十足。而在主打時尚消費的百盛廣場裏，各個樓層也都是滿眼打折促銷的招牌，一些時尚品牌讓很多消費者都「按捺不住」，衝動購買。

一、打折

　　打折作為一種經典的促銷手段，也是百貨商場季節促銷的最重要促銷手法。例如，一商場在夏季促銷活動中，將主題定為「夏季風暴搶購十日折扣隆重登場」，服裝鞋類床用 7 月 22 日～7 月 31 日，10 日內 6 折；在 7 月 22 日～7 月 31 日折扣期內，凡在該商場 5 家分店購買服裝、皮鞋、皮具、童裝、童鞋、床用、精品指定專櫃和自營服裝皮鞋可獲 6 折驚喜折扣。

　　另一商場則在入秋季節舉辦了秋季新品上市和夏季商品出清的促銷活動，對不同品牌實行了不同的折扣優惠。

二、特賣

特賣也是季節促銷尤其是反季促銷的常用手段。特別是在商品的規格、型號不全時，往往會對商品實行特價甩賣。其價格通常都不及原價的一半，只相當於原價的 2～4 折，甚至更低。像羽絨服，曾經在夏季的反季促銷中，原價 1400 元的商品只賣到 600 元左右。

三、抽獎

曾經有一商場在舉辦的「購秋季新品，贏取香港迪士尼奇妙之旅」的促銷活動中，就運用了抽獎的促銷手段：

活動期間，凡當日在該商場單櫃一次性消費滿 300 元（限購買秋季新品）的顧客，即可獲贈刮卡及抽獎券一套，享受雙重驚喜，滿 600 元獲贈兩套，依此類推。

一等獎 5 名，獎品為香港迪士尼奇妙之旅；

二等獎至六等獎分別為：維尼水壺、維尼水杯組、維尼保溫杯、迪士尼月餅、迪士尼餅乾。

四、文化促銷

文化活動通常較少出現在百貨商場的季節促銷中，但也有些商場恰當運用，取得了不錯的效果。2002 年的夏末秋初，一家百貨商場在使用打折、贈送、特賣、抽獎的基礎上還打出了「文化牌」，連續舉辦了世界盃交響音樂會、二人轉專場和明星文藝演出會，讓整個促

銷活動高潮迭起，掀起了消費熱潮，帶動了週邊商圈的銷售，為企業樹立了良好的形象。

🔊))) 第二節　季節促銷策劃案

案例：某商場的秋季促銷方案

一、活動目的
1. 進入夏末，利用專題促銷有力達成銷售目標。
2. 提高本商場在居民中的知名度、美譽度。

二、活動時間
8 月至 9 月

三、活動主題
精彩秋季生活，盡在××商場

四、活動地點
××商場

五、活動準備工作。（略）

六、活動內容
本次促銷活動分兩個階段進行：

第一階段：

1. 活動時間：8 月至 10 月

2. 活動內容：

⑴愛心包包愛心獻禮（8 月下旬至 9 月初）

和各個箱包類廠家聯繫,引進一批價格適中的包類產品和最新款式,以產品齊全、價格適中和款式新穎來吸引消費者。實行「以舊換新」活動,持舊書包可以打 9 折,活動期間舊書包和經營所得部份利潤捐贈給失學兒童,樹立本商場的公益形象。

⑵教師節獻禮(9 月 10 日)

9 月 10 日教師節期間:針對老師開展義診活動;憑教師證可以購物享受折扣或領取一份精美小禮品;在中心籃球場舉辦趣味比賽,如飛鏢、乒乓球、跑步機、親子活動。

9 月 17 日產品展銷會或品牌推廣會,抓住商機,提高銷售。

9 月 28 日公司成立一週年,針對消費者開展以下活動:定制店慶小禮品,做廣告每天憑廣告前幾名贈送;週年慶祝會;配合商貿整體活動;贈月餅;從 9 月下旬至 10 月初。

第二階段:

1. 活動主題:我運動,我時尚

2. 活動口號:提高全民運動理念,擴大本超市消費群

3. 活動背景:我公司的市場主要定位在 14～30 歲的青少年,但老年人口不斷增多,老年人已從保養向健康運動休閒邁進,推廣一個口號「把健康、運動帶回家」

4. 活動內容:

⑴主力營業推廣:購物抽獎(8 月 19 日至 10 月 22 日)

活動地點:6 樓運動區

活動細則:凡當日在本超市購物的顧客,憑當日購物繳款憑證(無論金額多少),均可摸獎一次;根據摸獎箱內乒乓球上標有獎品的等級,即可獲得相應的獎項。

獎品明細:一等獎紀念版休閒包一隻;二等獎紀念手錶一隻;三

等獎紀念馬克杯一套；四等獎運動帽一頂；幸運獎本商場氣球一隻。

⑵運動與彩繪

與彩繪店聯繫，做一個彩繪 SHOW。

⑶飛鏢大賽（8 月 19 日至 10 月 22 日）

活動地點：6 樓飛鏢區

活動細則：凡當日在本商場購物滿 500 元以上者，均可獲得一次擲飛鏢機會。一次可擲飛鏢三隻，依此類推，多買多擲。

三次累計得分滿 80 分以上者（含 80 分），可獲運動包一隻；

三次累計得分滿 60 分以上者（含 60 分），可獲球星卡一套；

三次累計得分滿 30 分以上者（含 30 分），可獲運動帽一隻。

⑷跑步問答（8 月 19 日至 10 月 22 日）

活動地點：滿天星專櫃或好家庭專櫃

活動細則：本活動免費報名參加；顧客赤腳在跑步機上跑步，要求在 1 分鐘內邊跑邊回答主持人提出的問題；如果顧客在 1 分鐘內將主持人提出的所有問題全部答對，該顧客將會得到本超市送出的禮品一份；顧客須在 2 秒鐘內回答出主持人提出的問題，否則視為自動棄權。

⑸跳舞機大賽（9 月 19 日～9 月 22 日）

活動地點：域圖專櫃旁

活動細則：本活動免費報名參加；每輪活動僅限 8 人，共分為 4 組，一組為 2 人，依此進行淘汰賽，決出勝負。

獎品：第一名運動手錶一隻；第二名個人專集簽名球星卡；第三名運動帽一頂；第四名精美鑰匙扣一個。

七、媒體宣傳

1. 前期 DM 宣傳推廣

⑴各大運動場館 DM 派送，如羽毛球館的 DM 派送。

⑵各大健身中心 DM 派送，如健身中心的 DM 派送。

⑶在東方雜誌內夾帶 DM 海報。

2. 前期報紙、雜誌宣傳

⑴《××時報》，《××》、《××》雜誌刊登軟文兩篇。

⑵ 1 月 26 日、28 日、30 日彩色半欄共三次。

⑶ 1 月 22 日雜誌夾頁。

3. 宣傳形式

宣傳媒體	廣告形式及規格	宣傳時間	價格	備註
××快報	10 月 5 日彩通	週五		
××晚報	10 月 5 彩通			
××電視台《影視頻道》	廣告片			
××文藝台	20 秒套播(82 次/天)	10 天		
××快報	軟文半通黑白	週三		
××晚報	軟文半通黑白	週三		

八、費用預算(略)

第 *19* 章

針對會員的主題促銷

🔊))) 第一節　如何開展會員主題促銷

　　會員主題促銷就是以會員為銷售對象的促銷策略，這是針對百貨商場普通顧客所作的促銷活動。在開展會員主題促銷活動時，一定要保證促銷商品的質量，否則不但沒有新的潛在顧客，而且還可能會失去一些老顧客，所以在實施的過程中一定要謹慎。

一、促銷選擇對象

　　會員主題促銷的對象可以是普通會員也可以是貴賓(VIP)成員，百貨商場通常要按照自己的定位來開展不同層次的促銷。定位高端市場的百貨商場可以開闢貴賓專場，這種促銷方式很有新意，也顯示了商場對貴賓的重視。對於那些高檔商場來說，維持好貴賓顧客的

確非常重要，但開闢貴賓專場促銷，似乎意味著商場對其他來商場購物的顧客的排斥，因而很容易遭到他們的反感。對普通的會員促銷應用得則比較普遍。

二、活動形式選擇

對普通會員來說可以專門面對會員的商品展銷會，而對貴賓則不僅要開展起專門的商品展會，還有貴賓卡特別答謝購物專場，規模盛大、史無前例。例如，某百貨商場在一次針對貴賓會員的促銷活動中做了如下說明：

僅限貴賓卡客人參加，當日憑貴賓卡可同攜一位來賓進場。其他客人營業接待時間為 9:00～13:00。全場商品特別酬賓！（包括家電）

三、促銷方法運用

1.搖獎

搖獎的原理類似於抽獎，即通過隨機的方式確定中獎人員，然後按照既定的方案給予獎勵。某商場在一次會員主題促銷活動中就運用了這種手段。其「幸運大搖獎，大獎送不停，111 個大獎送給你」活動規定，會員獨享會員價，8 月 9 日 17:00 後至 9 月 9 日 17:00 前，在該百貨商場有消費積分的會員，均可參加 9 月 9 日 18:00 在商場大樓外舉辦的搖獎活動。

獎項設置為：一等獎 1 名，獎價值 10000 元的 LG 多功能洗衣機；二等獎 10 名，獎價值 1000 元的諾基亞手機；三等獎 100 名，獎價值 300 元的美的電鍋。

2.集點

會員卡集點的促銷方法是會員促銷最常用的辦法,每次購物之後刷卡電腦會紀錄會員的購物集點,到一定額度就會有獎品。

某商場的「會員卡友活動──會員卡集點樂透送」的會員主題促銷活動規定,在促銷期間,購物單筆滿 100 元即可獲贈 1 點,累積滿 300 點即可兌換超值贈品。不同的點數可以兌換不同的贈品。具體方案是:

300 點	POLO 冷氣毯
500 點	體重計
800 點	二合一果汁研磨機
1000 點	萬用櫥
1500 點	巴比 Q 烤箱
2000 點	熱水瓶 PARIS 床包組
3000 點	大同除濕機

3.打折

打折在百貨商場的會員主題促銷活動中也非常常用。香港某商場每半年有一次會員特別購物日活動,會員特別購物日一連 3 天,在各分店同時舉行。會員憑規定形式的會員卡購物,即可獨享瘋狂折扣優惠,以超值價選購心愛商品。在一次冬季的會員特別購物日活動(11 月 30 日至 12 月 2 日)中,其折扣內容包括:

服裝部:所有商品(包括特價商品)一律照價再 7 折發售;

家品部:所有商品(包括特價商品)一律照價再 9 折發售;

超級市場:所有商品(包括特價商品)一律照價再 9 折發售;

電器部:所有商品(包括特價商品)一律照價再 9.5 折發售。

第二節　會員週年促銷方案

一、活動目的
提升銷售額，提高會員對商場的忠誠度。

二、活動時間
12 月 15 日～12 月 23 日

三、活動主題
每天愛你多一點──××貴賓週(會員週)

四、活動地點
××商場

五、活動準備工作

1. 現場 POP 海報，表明活動主題，烘托現場氣氛。

2. 入口處的大型看板：將主要活動陳列；

3. 信函廣告：根據申請會員時的位址，通過郵寄的方式將活動內容告訴會員，並通知及時換卡。

4. 報紙廣告：根據實際情況而定。

六、活動內容

1. 會員禮遇

活動內容：在活動期間，憑會員卡換新卡者可以領取禮品一份，也可以是禮包一個。

禮品選擇：一是高毛利商品，二是直接向廠商定制禮品(如化妝品、馬克杯)。

禮品價值：實際按照會員數量和成本預算綜合而定。

禮品內容：包括化妝品、藝術品等高毛利商品、廠商的試用品等。

2.送你多一點

在促銷活動設計時，對會員卡用戶實行特別的優惠，包括以下情況：

對一般的顧客實行滿3000元送80元，對會員卡用戶實行滿3000元送900元。

使用會員卡可以折上再折，如8折以上商品再進行95折，8折以下商品98折；使用會員卡消費滿××元，另外贈送禮品或禮券。

優惠幅度：控制在銷售額度的2%～3%左右。

3.會員週抽獎

活動期間，憑會員卡消費每滿200元就可以領取抽獎券一張，單張票據限送5張。

抽獎時間：12月24日

一等獎：數碼相機1名

二等獎：DVD機2名

三等獎：內衣一套10名

參與獎：馬克杯一個50名

獎品還可以為KFC餐券、咖啡酒吧消費券、人像攝影券等，應該利用大眾消費場所的優勢，低成本獲得獎品。

4.會員特賣會

在商場醒目位置圍出場地20平方米，舉辦會員特賣會。

特賣商品：選擇特賣效果明顯的商品，如服裝、皮鞋等。

操作：只能憑會員卡進入特賣現場，現場設置收款台，付款必須出示會員卡。主要是突出會員卡的特別價值。

5. 傾聽會員之聲

活動期間推出「傾聽會員之聲」活動：主要是向會員徵集對商店的意見和建議，以便提升服務質量。

操作：在入口處，設置大型看板，明示活動內容：

尊敬的會員：您好！我們的成長時刻都有您的支持和愛護，值此會員週之際，我們誠摯地向您徵集寶貴的意見和建議。您的指點就是今後我們工作的中心和方向。您可以將您的想法投入箱內。我們將贈送禮品一份，還將從中評選出 5 位最佳諮詢獎，贈送獎品一份。

獎品：禮品價值 5 元左右，5 份獎品價值 100 元/份。

七、費用預算

1. 會員禮遇：控制在 1 萬元，根據會員數量具體計算。

2. 送你多一點：銷售額的 2%～3%

3. 會員週抽獎：5000 元

4. 會員特賣會：廠家承擔

5. 傾聽會員之聲：1000 元

6. 看板製作：500 元

7. 現場 POP：1000 元

8. 信函廣告：信封、內文、郵寄費用等 2 元/位

八、活動注意事項及要求（略）

第 *20* 章

針對主題商品的促銷

除了黃金週、年末以及店慶，商場促銷不斷，主題商品節也成為
屢試不爽的造節手法之一。「冰箱節」、「羊毛衫節」，各種主題促銷非
常流行。例如百貨公司自助餐廳舉辦「印度咖哩節」。

主題商品節促銷最大的效用就是針對性強，會有爆發性增長，有
點類似特賣會的作用，可以聚集相當的人氣。例如羽絨服商品節的銷
售就會帶來近 10 倍的銷售增長。當然，對消費者來說，主題購物節
還有一個好處，就是讓理性購物者可以避開血拼高峰，從容地選擇。

◁)) 第一節　如何組織主題商品節促銷

只有針對性的策劃，才會得到實際效果。百貨商場在主題商品節
策劃中要把握下列要素：

一、促銷時間確定

在促銷的時間上，主題商品節促銷往往選擇在百貨商場的淡季，節日較少的時間段內。因為，正是因為節日少，所以才要製造節日，增加銷售。例如每年春節後節日較少，是商場淡季。許多百貨商場都紛紛開展各種主題商品節促銷，聚集人氣，結果有些商品銷售同比增長近 10 倍。

例如，百貨舉辦了「運動健身節」，十來個品牌的健身器材 7.5～8 折促銷，另有部份品牌的部份款式還推出了 3～4 折特價。而在此之前，該商場已為男士製造了一個「襯衫節」，也以全面打折方式促銷。另一家百貨則開啟了「時尚婚慶商品文化節」大幕，婚紗影樓、婚慶公司和家居裝飾公司一起參與其間，每個週末都安排有各種主題活動，如婚禮秀、婚紗秀、家居床上用品秀等，同時進行各種形式的優惠促銷。

二、廣告宣傳策略

百貨商場在舉辦主題商品節時，尤其是作為每年舉辦的連續性商品節的第一屆，要加大廣告宣傳力度，要先聲奪人。在視聽覺上要求給人新的衝擊力，語言要簡潔、明快，強調過目不忘，統一店內、外視覺形象。

三、促銷商品選擇

商品選擇要投其所好，具有特色。一次活動要突出以什麼類商品為主，須與廠家聯手互動。某百貨商場的每年一次「春季時裝節」、「金秋家電節」、「食品節」、「時尚化妝節」均以商品特色吸引顧客而收到較好的效果。

四、主題活動策劃

主題活動的策劃要緊扣節日主題，往往是一系列活動連續開展。下面是某商場於 4 月 30 日至 5 月 7 日舉辦的五一「唐裝節」的系列主題活動。可以看到其各種活動，無不緊緊圍繞著「唐裝節」這一主題：

4 月 30 日：×××商場邀請萬人共聚唐裝節暨春夏唐裝展銷會開幕式；

5 月 1 日：舉行風華盛世春夏唐裝表演秀暨×××商場時裝減價特賣會；

5 月 2 日：壯志唐朝，兒童唐裝表演秀；

5 月 3 日：唐風宋韻，天南地北方言朗誦詩會；

5 月 4 日：古詩作者競猜會；

5 月 5 日：縱橫詩騷八百里，古詩補句大比武；

5 月 1 日至 5 月 7 日：鼎立盛世，古裝電影大放送；

4 月 30 日至 5 月 7 日：凡在該商場購買任何唐裝服飾均可參加抽獎活動。

🔊 第二節　主題商品節的促銷方案

一、活動目的(略)

二、活動時間

10 月 16 日～10 月 24 日

三、活動主題

秋風起霜寒，××送溫暖──首屆「床上用品節」火爆開幕

四、活動地點

××商場各分店

五、活動準備工作(略)

六、活動內容

1. 床用名品大聯展──為您真誠推薦

活動期間，各分店在一樓中庭集中陳列一個以「秋風起霜寒，××送溫暖──首屆床上用品節」的展示區，將床用品牌的主打商品進行精選組合搭配，以全套實物組合為單位陳列展示，同時各店代銷床用商品在場外或中庭陳列堆頭，並以特價傾售。

2. 六折全場火暴售──為您降到最低

10 月 16 日～10 月 24 日，8 個品牌每個品牌至少推出 20～30 個床用單品以全場 6 折銷售，打折單品包括「被單、床單、枕套、枕頭、棉被、毛毯等床用品類」。

3. 捆綁好禮傾情送──為您回饋更多

⑴10 月 16 日～10 月 24 日(9 天)，凡在××任一分店購買床用

商品滿 1000 元即送價值 100 元的精美枕頭一個。

⑵凡在××任一分店購買床用商品滿 2000 元即送價值 200 元的精美枕頭一個。

⑶凡在××任一分店購買床用商品滿 3000 元即送價值 300 元的精美枕頭一個。

⑷凡在××任一分店購買「床單+被套+枕套（2 個）」四件套即送抱枕一個。

4.多種組合套餐價──為您精心選配

⑴10 月 16 日～10 月 24 日(9 天)，××各店推出床用套裝商品以「套裝價」特惠出售。

⑵「床用套裝」包括「被單、床單、枕套、枕頭、棉被、毛毯」等床用單品的多品類組合，如三件套、四件套、五件套。

⑶每個「床用套裝」只能以整套價格出售，套裝定價應遠遠小於套裝中的每一件商品現售價之總和。

5.週末限時大搶購──為您送去驚喜

⑴10 月 16 日、17 日、23 日、24 日(4 天)，××每店每天選定 3 個搶購時段推出幾款床用單品以絕對低毛利、超低價限時搶購。3 個搶購時段分別為：上午 10:30～11:30、下午 14:00～15:00、晚上 20:00～21:00。

⑵每個搶購時段內的搶購商品先到先購，每時段購完即止，顧客可參與下一個時段的搶購。

七、費用預算（略）

臺灣的核心競爭力，就在這裏！

圖書出版目錄

下列圖書是由憲業企管顧問(集團)公司所出版，以專業立場，為企業界提供最專業的各種經營管理類圖書。

1. 傳播書香社會，凡向本出版社購買（或郵局劃撥購買），一律 9 折優惠。
   服務電話(02) 27622241 (03) 9310960 傳真(02) 27620377
2. 請將書款用 ATM 自動扣款轉帳到我公司下列的銀行帳戶。
   銀行名稱：合作金庫銀行 帳號：5034-717-347447
   公司名稱：憲業企管顧問有限公司
3. 郵局劃撥號碼：18410591 郵局劃撥戶名：憲業企管顧問公司
4. 圖書出版資料隨時更新，請見網站 www.bookstore99.com

經營顧問叢書

13	營業管理高手（上）	一套	52	堅持一定成功	360元
14	營業管理高手（下）	500元	56	對準目標	360元
16	中國企業大勝敗	360元	58	大客戶行銷戰略	360元
18	聯想電腦風雲錄	360元	60	寶潔品牌操作手冊	360元
19	中國企業大競爭	360元	72	傳銷致富	360元
21	搶灘中國	360元	73	領導人才培訓遊戲	360元
25	王永慶的經營管理	360元	76	如何打造企業贏利模式	360元
26	松下幸之助經營技巧	360元	78	財務經理手冊	360元
32	企業併購技巧	360元	79	財務診斷技巧	360元
33	新產品上市行銷案例	360元	80	內部控制實務	360元
46	營業部門管理手冊	360元	81	行銷管理制度化	360元
47	營業部門推銷技巧	390元	82	財務管理制度化	360元

83	人事管理制度化	360 元
84	總務管理制度化	360 元
85	生產管理制度化	360 元
86	企劃管理制度化	360 元
91	汽車販賣技巧大公開	360 元
97	企業收款管理	360 元
100	幹部決定執行力	360 元
106	提升領導力培訓遊戲	360 元
112	員工招聘技巧	360 元
113	員工績效考核技巧	360 元
114	職位分析與工作設計	360 元
116	新產品開發與銷售	400 元
122	熱愛工作	360 元
124	客戶無法拒絕的成交技巧	360 元
125	部門經營計劃工作	360 元
129	邁克爾·波特的戰略智慧	360 元
130	如何制定企業經營戰略	360 元
132	有效解決問題的溝通技巧	360 元
135	成敗關鍵的談判技巧	360 元
137	生產部門、行銷部門績效考核手冊	360 元
138	管理部門績效考核手冊	360 元
139	行銷機能診斷	360 元
140	企業如何節流	360 元
141	責任	360 元
142	企業接棒人	360 元
144	企業的外包操作管理	360 元
146	主管階層績效考核手冊	360 元
147	六步打造績效考核體系	360 元
148	六步打造培訓體系	360 元
149	展覽會行銷技巧	360 元
150	企業流程管理技巧	360 元
152	向西點軍校學管理	360 元
154	領導你的成功團隊	360 元
155	頂尖傳銷術	360 元
156	傳銷話術的奧妙	360 元
160	各部門編制預算工作	360 元
163	只為成功找方法，不為失敗找藉口	360 元
167	網路商店管理手冊	360 元
168	生氣不如爭氣	360 元
170	模仿就能成功	350 元
171	行銷部流程規範化管理	360 元
172	生產部流程規範化管理	360 元
174	行政部流程規範化管理	360 元
176	每天進步一點點	350 元
181	速度是贏利關鍵	360 元
183	如何識別人才	360 元
184	找方法解決問題	360 元
185	不景氣時期，如何降低成本	360 元
186	營業管理疑難雜症與對策	360 元
187	廠商掌握零售賣場的竅門	360 元
188	推銷之神傳世技巧	360 元
189	企業經營案例解析	360 元
191	豐田汽車管理模式	360 元
192	企業執行力（技巧篇）	360 元
193	領導魅力	360 元
198	銷售說服技巧	360 元
199	促銷工具疑難雜症與對策	360 元
200	如何推動目標管理(第三版)	390 元
201	網路行銷技巧	360 元
202	企業併購案例精華	360 元

204	客戶服務部工作流程	360 元	241	業務員經營轄區市場（增訂二版）	360 元
206	如何鞏固客戶（增訂二版）	360 元	242	搜索引擎行銷	360 元
208	經濟大崩潰	360 元	243	如何推動利潤中心制度（增訂二版）	360 元
209	鋪貨管理技巧	360 元			
210	商業計劃書撰寫實務	360 元	244	經營智慧	360 元
212	客戶抱怨處理手冊(增訂二版)	360 元	245	企業危機應對實戰技巧	360 元
214	售後服務處理手冊(增訂三版)	360 元	246	行銷總監工作指引	360 元
215	行銷計劃書的撰寫與執行	360 元	247	行銷總監實戰案例	360 元
216	內部控制實務與案例	360 元	248	企業戰略執行手冊	360 元
217	透視財務分析內幕	360 元	249	大客戶搖錢樹	360 元
219	總經理如何管理公司	360 元	250	企業經營計劃〈增訂二版〉	360 元
222	確保新產品銷售成功	360 元	251	績效考核手冊	360 元
223	品牌成功關鍵步驟	360 元	252	營業管理實務（增訂二版）	360 元
224	客戶服務部門績效量化指標	360 元	253	銷售部門績效考核量化指標	360 元
226	商業網站成功密碼	360 元	254	員工招聘操作手冊	360 元
228	經營分析	360 元	255	總務部門重點工作（增訂二版）	360 元
229	產品經理手冊	360 元			
230	診斷改善你的企業	360 元	256	有效溝通技巧	360 元
231	經銷商管理手冊（增訂三版）	360 元	257	會議手冊	360 元
232	電子郵件成功技巧	360 元	258	如何處理員工離職問題	360 元
233	喬·吉拉德銷售成功術	360 元	259	提高工作效率	360 元
234	銷售通路管理實務〈增訂二版〉	360 元	261	員工招聘性向測試方法	360 元
			262	解決問題	360 元
235	求職面試一定成功	360 元	263	微利時代制勝法寶	360 元
236	客戶管理操作實務〈增訂二版〉	360 元	264	如何拿到 VC（風險投資）的錢	360 元
237	總經理如何領導成功團隊	360 元			
238	總經理如何熟悉財務控制	360 元	265	如何撰寫職位說明書	360 元
239	總經理如何靈活調動資金	360 元	267	促銷管理實務〈增訂五版〉	360 元
240	有趣的生活經濟學	360 元	268	顧客情報管理技巧	360 元

269	如何改善企業組織績效（增訂二版）	360 元
270	低調才是大智慧	360 元
272	主管必備的授權技巧	360 元
274	人力資源部流程規範化管理（增訂三版）	360 元
275	主管如何激勵部屬	360 元
276	輕鬆擁有幽默口才	360 元
277	各部門年度計劃工作（增訂二版）	360 元
278	面試主考官工作實務	360 元
279	總經理重點工作（增訂二版）	360 元
282	如何提高市場佔有率（增訂二版）	360 元
283	財務部流程規範化管理（增訂二版）	360 元
284	時間管理手冊	360 元
285	人事經理操作手冊（增訂二版）	360 元
286	贏得競爭優勢的模仿戰略	360 元
287	電話推銷培訓教材（增訂三版）	360 元
288	贏在細節管理（增訂二版）	360 元
289	企業識別系統 CIS（增訂二版）	360 元
290	部門主管手冊（增訂五版）	360 元
291	財務查帳技巧（增訂二版）	360 元
292	有效提升簡報技巧	360 元
293	業務員疑難雜症與對策（增訂二版）	360 元

《商店叢書》

5	店員販賣技巧	360 元
10	賣場管理	360 元
12	餐飲業標準化手冊	360 元
18	店員推銷技巧	360 元
29	店員工作規範	360 元
30	特許連鎖業經營技巧	360 元
32	連鎖店操作手冊（增訂三版）	360 元
33	開店創業手冊（增訂二版）	360 元
34	如何開創連鎖體系〈增訂二版〉	360 元
35	商店標準操作流程	360 元
36	商店導購口才專業培訓	360 元
37	速食店操作手冊〈增訂二版〉	360 元
38	網路商店創業手冊〈增訂二版〉	360 元
39	店長操作手冊（增訂四版）	360 元
40	商店診斷實務	360 元
41	店鋪商品管理手冊	360 元
42	店員操作手冊（增訂三版）	360 元
43	如何撰寫連鎖業營運手冊〈增訂二版〉	360 元
44	店長如何提升業績〈增訂二版〉	360 元
45	向肯德基學習連鎖經營〈增訂二版〉	360 元
46	連鎖店督導師手冊	360 元
47	賣場如何經營會員制俱樂部	360 元
48	賣場銷量神奇交叉分析	360 元
49	商場促銷法寶	360 元

《工廠叢書》

5	品質管理標準流程	380 元
9	ISO 9000 管理實戰案例	380 元
10	生產管理制度化	360 元
11	ISO 認證必備手冊	380 元
12	生產設備管理	380 元
13	品管員操作手冊	380 元
15	工廠設備維護手冊	380 元
16	品管圈活動指南	380 元
17	品管圈推動實務	380 元
20	如何推動提案制度	380 元
24	六西格瑪管理手冊	380 元
30	生產績效診斷與評估	380 元
32	如何藉助 IE 提升業績	380 元
35	目視管理案例大全	380 元
38	目視管理操作技巧(增訂二版)	380 元
42	物料管理控制實務	380 元
46	降低生產成本	380 元
47	物流配送績效管理	380 元
49	6S 管理必備手冊	380 元
50	品管部經理操作規範	380 元
51	透視流程改善技巧	380 元
55	企業標準化的創建與推動	380 元
56	精細化生產管理	380 元
57	品質管制手法〈增訂二版〉	380 元
58	如何改善生產績效〈增訂二版〉	380 元
60	工廠管理標準作業流程	380 元
62	採購管理工作細則	380 元

63	生產主管操作手冊(增訂四版)	380 元
64	生產現場管理實戰案例〈增訂二版〉	380 元
65	如何推動 5S 管理（增訂四版）	380 元
67	生產訂單管理步驟〈增訂二版〉	380 元
68	打造一流的生產作業廠區	380 元
70	如何控制不良品〈增訂二版〉	380 元
71	全面消除生產浪費	380 元
72	現場工程改善應用手冊	380 元
73	部門績效考核的量化管理（增訂四版）	380 元
74	採購管理實務〈增訂四版〉	380 元
75	生產計劃的規劃與執行	380 元
76	如何管理倉庫（增訂六版）	380 元
77	確保新產品開發成功（增訂四版）	380 元
78	商品管理流程控制(增訂三版)	380 元

《醫學保健叢書》

1	9 週加強免疫能力	320 元
3	如何克服失眠	320 元
4	美麗肌膚有妙方	320 元
5	減肥瘦身一定成功	360 元
6	輕鬆懷孕手冊	360 元
7	育兒保健手冊	360 元
8	輕鬆坐月子	360 元
11	排毒養生方法	360 元
12	淨化血液　強化血管	360 元
13	排除體內毒素	360 元
14	排除便秘困擾	360 元

15	維生素保健全書	360 元
16	腎臟病患者的治療與保健	360 元
17	肝病患者的治療與保健	360 元
18	糖尿病患者的治療與保健	360 元
19	高血壓患者的治療與保健	360 元
22	給老爸老媽的保健全書	360 元
23	如何降低高血壓	360 元
24	如何治療糖尿病	360 元
25	如何降低膽固醇	360 元
26	人體器官使用說明書	360 元
27	這樣喝水最健康	360 元
28	輕鬆排毒方法	360 元
29	中醫養生手冊	360 元
30	孕婦手冊	360 元
31	育兒手冊	360 元
32	幾千年的中醫養生方法	360 元
34	糖尿病治療全書	360 元
35	活到 120 歲的飲食方法	360 元
36	7 天克服便秘	360 元
37	為長壽做準備	360 元
38	生男生女有技巧〈增訂二版〉	360 元
39	拒絕三高有方法	360 元
40	一定要懷孕	360 元
41	提高免疫力可抵抗癌症	360 元

《培訓叢書》

11	培訓師的現場培訓技巧	360 元
12	培訓師的演講技巧	360 元
14	解決問題能力的培訓技巧	360 元

15	戶外培訓活動實施技巧	360 元
16	提升團隊精神的培訓遊戲	360 元
17	針對部門主管的培訓遊戲	360 元
18	培訓師手冊	360 元
19	企業培訓遊戲大全（增訂二版）	360 元
20	銷售部門培訓遊戲	360 元
21	培訓部門經理操作手冊（增訂三版）	360 元
22	企業培訓活動的破冰遊戲	360 元
23	培訓部門流程規範化管理	360 元
24	領導技巧培訓遊戲	360 元

《傳銷叢書》

4	傳銷致富	360 元
5	傳銷培訓課程	360 元
7	快速建立傳銷團隊	360 元
10	頂尖傳銷術	360 元
11	傳銷話術的奧妙	360 元
12	現在輪到你成功	350 元
13	鑽石傳銷商培訓手冊	350 元
14	傳銷皇帝的激勵技巧	360 元
15	傳銷皇帝的溝通技巧	360 元
17	傳銷領袖	360 元
18	傳銷成功技巧（增訂四版）	360 元
19	傳銷分享會運作範例	360 元

《幼兒培育叢書》

1	如何培育傑出子女	360 元
2	培育財富子女	360 元
3	如何激發孩子的學習潛能	360 元
4	鼓勵孩子	360 元
5	別溺愛孩子	360 元

6	孩子考第一名	360 元
7	父母要如何與孩子溝通	360 元
8	父母要如何培養孩子的好習慣	360 元
9	父母要如何激發孩子學習潛能	360 元
10	如何讓孩子變得堅強自信	360 元

《成功叢書》

1	猶太富翁經商智慧	360 元
2	致富鑽石法則	360 元
3	發現財富密碼	360 元

《企業傳記叢書》

1	零售巨人沃爾瑪	360 元
2	大型企業失敗啟示錄	360 元
3	企業併購始祖洛克菲勒	360 元
4	透視戴爾經營技巧	360 元
5	亞馬遜網路書店傳奇	360 元
6	動物智慧的企業競爭啟示	320 元
7	CEO 拯救企業	360 元
8	世界首富　宜家王國	360 元
9	航空巨人波音傳奇	360 元
10	傳媒併購大亨	360 元

《智慧叢書》

1	禪的智慧	360 元
2	生活禪	360 元
3	易經的智慧	360 元
4	禪的管理大智慧	360 元
5	改變命運的人生智慧	360 元
6	如何吸取中庸智慧	360 元
7	如何吸取老子智慧	360 元
8	如何吸取易經智慧	360 元

9	經濟大崩潰	360 元
10	有趣的生活經濟學	360 元
11	低調才是大智慧	360 元

《DIY 叢書》

1	居家節約竅門 DIY	360 元
2	愛護汽車 DIY	360 元
3	現代居家風水 DIY	360 元
4	居家收納整理 DIY	360 元
5	廚房竅門 DIY	360 元
6	家庭裝修 DIY	360 元
7	省油大作戰	360 元

《財務管理叢書》

1	如何編制部門年度預算	360 元
2	財務查帳技巧	360 元
3	財務經理手冊	360 元
4	財務診斷技巧	360 元
5	內部控制實務	360 元
6	財務管理制度化	360 元
8	財務部流程規範化管理	360 元
9	如何推動利潤中心制度	360 元

 為方便讀者選購，本公司將一部分上述圖書又加以專門分類如下：

《企業制度叢書》

1	行銷管理制度化	360 元
2	財務管理制度化	360 元
3	人事管理制度化	360 元
4	總務管理制度化	360 元
5	生產管理制度化	360 元
6	企劃管理制度化	360 元

《主管叢書》

1	部門主管手冊	360 元
2	總經理行動手冊	360 元
4	生產主管操作手冊	380 元
5	店長操作手冊（增訂版）	360 元
6	財務經理手冊	360 元
7	人事經理操作手冊	360 元
8	行銷總監工作指引	360 元
9	行銷總監實戰案例	360 元

《總經理叢書》

1	總經理如何經營公司(增訂二版)	360 元
2	總經理如何管理公司	360 元
3	總經理如何領導成功團隊	360 元
4	總經理如何熟悉財務控制	360 元
5	總經理如何靈活調動資金	360 元

《人事管理叢書》

1	人事管理制度化	360 元
2	人事經理操作手冊	360 元
3	員工招聘技巧	360 元
4	員工績效考核技巧	360 元
5	職位分析與工作設計	360 元
7	總務部門重點工作	360 元
8	如何識別人才	360 元
9	人力資源部流程規範化管理（增訂三版）	360 元
10	員工招聘操作手冊	360 元
11	如何處理員工離職問題	360 元

《理財叢書》

1	巴菲特股票投資忠告	360 元
2	受益一生的投資理財	360 元
3	終身理財計劃	360 元
4	如何投資黃金	360 元
5	巴菲特投資必贏技巧	360 元
6	投資基金賺錢方法	360 元
7	索羅斯的基金投資必贏忠告	360 元
8	巴菲特為何投資比亞迪	360 元

《網路行銷叢書》

1	網路商店創業手冊〈增訂二版〉	360 元
2	網路商店管理手冊	360 元
3	網路行銷技巧	360 元
4	商業網站成功密碼	360 元
5	電子郵件成功技巧	360 元
6	搜索引擎行銷	360 元

《企業計劃叢書》

1	企業經營計劃〈增訂二版〉	360 元
2	各部門年度計劃工作	360 元
3	各部門編制預算工作	360 元
4	經營分析	360 元
5	企業戰略執行手冊	360 元

《經濟叢書》

1	經濟大崩潰	360 元
2	石油戰爭揭秘(即將出版)	

使用培訓、提升企業競爭力是萬無一失、事半功倍的方法。其效果更具有超大的「投資報酬力」！

好消息

最 暢 銷 的 商 店 叢 書

名稱	特價	名稱	特價
4 餐飲業操作手冊	390 元	35 商店標準操作流程	360 元
5 店員販賣技巧	360 元	36 商店導購口才專業培訓	360 元
10 賣場管理	360 元	37 速食店操作手冊〈增訂二版〉	360 元
12 餐飲業標準化手冊	360 元	38 網路商店創業手冊〈增訂二版〉	360 元
13 服飾店經營技巧	360 元	39 店長操作手冊（增訂四版）	360 元
18 店員推銷技巧	360 元	40 商店診斷實務	360 元
19 小本開店術	360 元	41 店鋪商品管理手冊	360 元
20 365 天賣場節慶促銷	360 元	42 店員操作手冊（增訂三版）	360 元
29 店員工作規範	360 元	43 如何撰寫連鎖業營運手冊〈增訂二版〉	360 元
30 特許連鎖業經營技巧	360 元	44 店長如何提升業績〈增訂二版〉	360 元
32 連鎖店操作手冊（增訂三版）	360 元	45 向肯德基學習連鎖經營〈增訂二版〉	360 元
33 開店創業手冊〈增訂二版〉	360 元	46 連鎖店督導師手冊	360 元
34 如何開創連鎖體系〈增訂二版〉	360 元	47 賣場如何經營會員制俱樂部	360 元

上述各書均有在書店陳列販賣，若書店賣完而來不及由庫存書補充上架，請讀者直接向店員詢問、購買，最快速、方便！**購買方法如下：**

銀行名稱：合作金庫銀行　敦南分行（代碼：006）

帳號：5034-717-347-447

公司名稱：憲業企管顧問有限公司

郵局劃撥帳號：18410591

建立企業圖書館

當市場競爭激烈時：

培訓員工，強化員工競爭力 是企業最佳對策

　　「人才」是企業最大的財富。如何提升人才，是企業永續經營、戰勝對手的核心競爭力。積極培訓公司內部員工，是經濟不景氣時期的最佳戰略，而最快速的具體作法，就是「**建立企業內部圖書館，鼓勵員工多閱讀、多進修專業書籍**」

　　建議您：請一次購足本公司所出版各種經營管理類圖書，作為貴公司內部員工培訓圖書。使用率高的（例如「贏在細節管理」），準備 3 本；使用率低的（例如「工廠設備維護手冊」），只買 1 本。

商店叢書㊾　　　　　　　　售價：360 元

商場促銷法寶

西元二〇一二年十一月　　　　　　初版一刷

編輯指導：黃憲仁

編著：顏青林

策劃：麥可國際出版有限公司（新加坡）

編輯：蕭玲

校對：劉飛娟

發行所：憲業企管顧問有限公司

電話：(02) 2762-2241　(03) 9310960　0930872873

臺北聯絡處：臺北郵政信箱第 36 之 1100 號

銀行 ATM 轉帳：合作金庫銀行　帳號：5034-717-347447

郵政劃撥：18410591　憲業企管顧問有限公司

江祖平律師顧問：紙品書、數位書著作權與版權均歸本公司所有

登記證：行政業新聞局版台業字第 6380 號

本公司徵求海外版權出版代理商 (0930872873)

本圖書是由憲業企管顧問（集團）公司所出版，以專業立場，為企業界提供最專業的各種經營管理類圖書。

圖書編號 ISBN：978-986-6084-60-7